Der Mitarbeiter-Magnet

Bücher smARt lesen

Mit der App smARt Haufe wird Ihr Fachbuch interaktiv!

Mit der App können Sie digitale Zusatzinhalte wie Videos und Arbeitsmaterialien zu Ihrem Buch abrufen. Der Content wird Ihnen direkt auf Ihrem mobilen Endgerät angezeigt. Sie können ihn abspeichern und jederzeit – auch ohne dass Ihnen das Buch vorliegt – erneut öffnen.

So einfach geht's:

1. **App herunterladen**
   Laden Sie die kostenlose App „smARt Haufe" im App-Store (iOS oder Android) auf Ihr Smartphone oder Tablet.

2. **Produkt auswählen**
   Wählen Sie über die Produktauswahl das Ihnen vorliegende Buch aus.

3. **Seiten im Buch scannen**
   Starten Sie die „Scannen"-Funktion und scannen Sie anschließend die gewünschte Abbildung mit der App. Alle Bilder mit Zusatzcontent sind mit diesem Icon gekennzeichnet.

4. **Digitalen Content nutzen, teilen und speichern**
   Der hinterlegte Content wird Ihnen nun angezeigt. Sie haben zudem die Möglichkeit, den Content zu teilen oder als Favorit zu speichern.

Testen Sie die App gleich hier an diesem Bild oder auf dem Buchcover.

Die digitalen Zusatzinhalte können Sie auch unter https://mybook.haufe.de mit folgendem Buchcode abrufen: IUM-5774

Mehr erfahren auf: www.haufe.de/smart

Michael Asshauer

Der Mitarbeiter-Magnet

394 Hacks für Recruiting, Employer Branding und Leadership

2. Auflage

Haufe Group
Freiburg · München · Stuttgart

Bibliografische Information der Deutschen Nationalbibliothek

Die Deutsche Nationalbibliothek verzeichnet diese Publikation in der Deutschen Nationalbibliografie; detaillierte bibliografische Daten sind im Internet über http://dnb.dnb.de/ abrufbar.

Print:	ISBN 978-3-648-16654-3	Bestell-Nr. 14135-0002
ePub:	ISBN 978-3-648-16655-0	Bestell-Nr. 14135-0101
ePDF:	ISBN 978-3-648-16656-7	Bestell-Nr. 14135-0151

Michael Asshauer
Der Mitarbeiter-Magnet
2. Auflage, Oktober 2022

© 2022 Haufe-Lexware GmbH & Co. KG, Freiburg
www.haufe.de
info@haufe.de

Bildnachweis (Cover): Miriam Bundel (https://bundel.de/)
mit Illustrationen designed by Freepik

Produktmanagement: Anne Rathgeber

Dieses Werk einschließlich aller seiner Teile ist urheberrechtlich geschützt. Alle Rechte, insbesondere die der Vervielfältigung, des auszugsweisen Nachdrucks, der Übersetzung und der Einspeicherung und Verarbeitung in elektronischen Systemen, vorbehalten. Alle Angaben/Daten nach bestem Wissen, jedoch ohne Gewähr für Vollständigkeit und Richtigkeit.

> Sofern diese Publikation ein ergänzendes Online-Angebot beinhaltet, stehen die Inhalte für 12 Monate nach Einstellen bzw. Abverkauf des Buches, mindestens aber für zwei Jahre nach Erscheinen des Buches, online zur Verfügung. Ein Anspruch auf Nutzung darüber hinaus besteht nicht.
>
> Sollte dieses Buch bzw. das Online-Angebot Links auf Webseiten Dritter enthalten, so übernehmen wir für deren Inhalte und die Verfügbarkeit keine Haftung. Wir machen uns diese Inhalte nicht zu eigen und verweisen lediglich auf deren Stand zum Zeitpunkt der Erstveröffentlichung.

Inhaltsverzeichnis

Vorworte		9
1	Einleitung	13
2	Der Magnet: Du oder dein Unternehmen?	23
3	Was ist ein Hack?	27
4	Das Funnel-Prinzip	29
5	Die Kategorien	35
6	Dein Talente-Funnel	37
6.1	Awareness: Die Aufmerksamkeit deiner Zielgruppe gewinnen	37
6.2	Interest: Emotionen erzeugen und Interesse wecken	75
6.3	Desire: Das Verlangen zur Entscheidung entfachen	84
6.4	Action: Den Sack zumachen	101
6.5	Loyalty: Eine nachhaltige Bindung aufbauen	105
6.6	Advocacy: Mitarbeiter zu Multiplikatoren machen	155
Ein Wort zum Schluss		187
Quellen und Links		189
Zum Autor		193
Kategorien		195

Für Hauke und David

Vorworte

Dirk Kreuter
Lieber Leser,

wir verlieren Aufträge nicht an bessere Produkte, an bessere Preise oder bessere Verkäufer. Wir verlieren Aufträge, weil wir nicht sichtbar sind.

Im Vertrieb geht es darum, dass der Kunde in dem Moment, in dem er Bedarf hat an meinem Produkt oder meiner Dienstleistung, sofort an mich denkt, also dass ich sichtbar bin. Wer mich nicht kennt, kann nichts bei mir kaufen. Wer mich nicht kennt, vertraut mir nicht und dementsprechend wird er nichts bei mir kaufen. Das ist der Blick durch meine Brille als Verkaufstrainer. Doch Michael Asshauer hat eine andere Brille auf, nämlich die Brille, um die richtigen Mitarbeiter zu finden und zu halten. Die Prinzipien sind gleich.

- Weiß deine Zielgruppe, also die potenziellen Mitarbeiter, dass es dich gibt?
- Bist du sichtbar für die Talente, die du gerne anziehen möchtest?
- Wissen diese Talente, dass es dich gibt, und wissen sie, dass du gerade Bedarf hast?
- Wissen sie, dass du gerade Mitarbeiter suchst, und vertrauen sie dir?
- Hast du in der Sichtbarkeit Vertrauen aufgebaut und dich nicht nur als Produkt oder Dienstleistungsmarke positioniert, sondern auch als Arbeitgebermarke?
- Sagst du deiner Zielgruppe, am besten jeden Tag, dass es dich gibt und dass du sie suchst?

Bis vor ein paar Jahren haben wir unsere Mitarbeiter (aktuell habe ich ein Team von etwa 50 Angestellten) sehr gut über bezahlte Online-Stellenanzeigen rekrutiert. Doch irgendwann war die Mischung aus Quantität und Qualität nicht mehr das, was wir brauchten. Es ging nicht mehr darum, Leute einzustellen, die einen Job suchten, sondern es ging darum und geht noch heute darum, die richtigen Talente zu finden, die bei *uns* arbeiten wollen. Nicht irgendeinen Job, nicht irgendeine Karrierestufe, sondern ausdrücklich jemanden für unser Team. Das hat über Stellenanzeigen nicht funktioniert. Online Stellenanzeigen, sorgen dafür, dass sich die bewerben, die wechseln wollen. Die suchen zumeist einfach nur einen Job und sie werden auch bei uns wieder wechseln.

Deswegen haben wir vor einiger Zeit unsere Strategie im Recruiting geändert. Wir haben uns als Arbeitgebermarke positioniert. Wir ziehen mittlerweile über Initiativbewerbungen sowohl qualitativ als auch quantitativ die richtigen Leute an. Wir können auswählen.

Wie schaffen wir das?
1. Sichtbarkeit. Dazu nutzen wir in erster Linie die Social-Media-Kanäle.
2. Wir sagen der Zielgruppe regelmäßig, wen wir für was suchen. Auch über Social-Media-Posts. Beispielsweise: YouTube Videos, die dann als Bewegtbild auf allen Kanälen gepostet werden – LinkedIn, Instagram IGTV, Twitter, Facebook und Co.
3. Ein klares und interessantes Profil. Wen suchen wir und wen suchen wir nicht? Gerade zu unseren Social-Media-Posts darüber, wen wir nicht suchen, bekommen wir natürlich auch negative Kommentare. Aber das zeigt dann nur, dass die Stellenanzeige klar ist und der negative Kommentarschreiber einfach nicht auf diese Position passt. Damit haben wir viel Zeit und Arbeit im Recruiting gespart.
4. Ein ungewöhnliches Profil. Paintball spielen auf der Weihnachtsfeier, mit einem eigenen Teambus zu unseren Events fahren, grenzenloser Nachschub von Red Bull im Büro oder das schönste, höchste, modernste Bürogebäude im Ruhrgebiet. All das sorgt dafür, dass wir ein scharfes Profil haben und damit auch wahrgenommen werden.

Mit diesen und anderen Maßnahmen sorgen wir dafür, dass wir genau die richtigen Kandidaten erreichen und die sich dann bei uns bewerben.

Michael hat noch viel mehr Ideen für dich in seinem Buch hier zusammengefasst. Es ist eine Pflichtlektüre für jeden Unternehmer, Selbstständigen mit Mitarbeitern und jede Führungskraft.

Ich wünsche dir viel Spaß damit, viele gute Ideen und vor allem Dingen die richtigen Mitarbeiter, die langfristig bleiben.

Ich freue mich auf ein persönliches Kennenlernen auf einem meiner Events und vorab schon spannende Einblicke auch zum Thema Recruiting in meinem Podcast und YouTube Kanal.

Dein Dirk Kreuter

www.dirkkreuter.de

Bernd Geropp

Viele Unternehmen behaupten immer noch, sie suchen kreative, mitdenkende Mitarbeiter, die auch »Out of the Box« denken können. Tatsächlich ist das aber in den meisten Firmen gar nicht gewünscht. Die Mitarbeiter sollen sich vielmehr strikt an Prozesse halten, die alles im Detail regeln.

Neue Ideen? Ja gerne, aber bitte nicht rumspinnen. Wenn überhaupt, dann nur an kleinen Schrauben drehen, um die Effizienz zu verbessern. Kreativität und Mitdenken? Das wird zwar in der Stellenausschreibung gewünscht, in der Realität aber in den meisten Unternehmen nicht wirklich geschätzt.

Das muss sich in Zeiten von Digitalisierung und Disruption ändern. Alle Unternehmen, die an ihren lieb gewordenen Prozessen und verkrusteten Strukturen krampfhaft festhalten, kommen jetzt schon mehr und mehr in Bedrängnis.

Alles, was in der Vergangenheit erfolgreich funktioniert hat, muss nun auf den Prüfstand. Dabei geht es nicht einfach nur darum, bestehende Prozesse zu digitalisieren. Vielmehr müssen Geschäftsmodelle hinterfragt, verändert und neu gedacht werden. Es braucht Querdenker, die den Mut und die Kreativität haben, neue Marktchancen zu erkennen, und die helfen, das eigene Unternehmen daran auszurichten.

Um diese Querdenker und High-Performer werden sich die Unternehmen bemühen müssen, sonst wird es nichts mit der Neuausrichtung. Wer es nicht schafft, solche Mitarbeiter für sein Unternehmen zu gewinnen und zu halten, der wird von der Bildfläche verschwinden. Wie kann es also gelingen, solche Talente für sich zu gewinnen?

Das Unternehmen muss sich konsequent am Kundennutzen ausrichten und nicht nur am Shareholder Value. Es muss die Frage beantworten: Warum gibt es uns? Warum sollte ein Querdenker und High-Performer sich für uns entscheiden?

Wenn Geld und Boni die Antwort auf diese Frage sein sollte, dann wird das nichts. Die Talente, die heutige Unternehmen suchen, lassen sich nicht durch Geld kaufen. Denen geht es um Gestaltungsspielraum. Die wollen an einer Sache arbeiten, die sie für sinnvoll erachten.

Wer solche Talente finden und halten will, benötigt Führungskräfte, die mehr führen und weniger managen. Es braucht Menschen mit hervorragenden Führungs-Skills, die Querdenker und High-Performer für das Unternehmen begeistern können und wissen, wie sie die dann auch halten können. Die Unternehmen brauchen Führungskräfte, die als »Mitarbeiter-Magnet« wirken.

Michael Asshauer hat in **seinem** Buch 394 Hacks für genau solche Führungskräfte zusammengefasst. Dabei **geht es** nicht um theoretische Ideen oder Konzepte, sondern um erprobte Praxistipp**s, die er** selbst in seinem Start-up getestet und für gut befunden hat.

Ich kann diese Fundgrube an Hacks und Ideen jedem empfehlen, der wissen will, wie er die besten Leute anzieht und sie erfolgreich hält. In meiner Zeit als Manager hätte ich mir ein solches Buch gewünscht.

Bernd Geropp

www.mehr-fuehren.de

1 Einleitung

Meine Erfahrungen als Unternehmer und Führungskraft
Es ist Frühjahr 2007. Während meines Zivildienstes in einer der größten Jugendherbergen Deutschlands bin ich zur Schicht an der Rezeption eingeteilt. Es kommen gerade neue Gäste an die Rezeption zum Einchecken, schwer beladen mit Koffern und erschöpft vom langen Flug. Gleichzeitig klingelt das Telefon auf dem Schreibtisch hinter dem Tresen. Ich muss in diesem Moment eine Entscheidung treffen. Gehe ich ans Telefon und lasse die Gäste erst einmal warten? Oder bediene ich die Gäste und lasse das Telefon im Hintergrund einfach klingeln? Ich entscheide mich dafür, die neuen Gäste sofort zu bedienen und das Telefon nicht weiter zu beachten. In diesem Moment treffe ich als Mitarbeiter proaktiv die Entscheidung für die Zufriedenheit unserer Gäste vor Ort.

Plötzlich kommt der Chef der Jugendherberge aus seinem Büro hinter der Rezeption gestürmt und schreit mich wutentbrannt vor den Gästen an der Rezeption und allen anderen Mitarbeitern mit hochrotem Kopf an: »Was fällt dir ein, das Telefon einfach klingeln zu lassen? Es könnten neue Reservierungen reinkommen!« Auf meinen schüchternen Hinweis, dass ich mich dazu entschieden habe, zuerst die Gäste zu bedienen, reagiert er mit noch lauterem Rumgebrülle und der Drohung, mir ein Disziplinarverfahren an den Hals zu jagen. Ich solle gefälligst ans Telefon gehen. Ich bin total perplex. Die Gäste an der Rezeption würden am liebsten umdrehen und wieder gehen. Ich bin mir in diesem Moment zu 100 % sicher: Hätte ich anders entschieden, also wäre ich ans Telefon gegangen und hätte die Gäste warten lassen, dann hätte es das gleiche Theater gegeben – nur andersherum. Ich hätte mir dann anhören müssen: »Wie kannst du, verdammt nochmal, die Gäste an der Rezeption einfach so warten lassen, nur weil das Telefon klingelt?!«

Als ich einige Wochen vor diesem kuriosen Ereignis in der Jugendherberge anfange zu arbeiten, meinen Dienst als Zivi antrete, kommen mir einige Sachen irgendwie komisch vor. Mir fällt auf, dass unter den Kollegen, sowohl den Zivis als auch den Festangestellten, eine eigenartige Stimmung aus Misstrauen und Schweigsamkeit herrscht. Ich merke, dass die Mitarbeiter sich nicht mit ihrem täglichen Job in der Herberge identifizieren. Ihr größtes Ziel ist morgens schon, so schnell wie möglich den Dienst hinter sich zu bringen und endlich wieder »raus hier« zu sein. Dabei hatte ich das in anderen Jugendherbergen, in denen ich vorher gearbeitet hatte, anders erlebt: Meist gibt es dort eine unglaublich schöne Stimmung von Herzlichkeit und Weltoffenheit, es können ein tolles Gemeinschaftsgefühl und eine familiäre Atmosphäre herrschen.

1 Einleitung

Mit der Zeit wird mir klar: Der Chef der Jugendherberge sorgt durch seinen Führungsstil dafür, dass alle seine Mitarbeiter ausschließlich ihre Dienstzeit absitzen und versuchen, so wenig wie möglich mit ihm in Kontakt zu kommen. Es herrscht eine Stimmung der Angst, des Misstrauens und des Missmutes. Auch tut sich der Chef sehr schwer damit, neue Mitarbeiter für seine Jugendherberge zu finden – geschweige denn, dafür zu sorgen, dass die bestehenden Mitarbeiter lange motiviert bleiben. Das erklärt für mich dann auch, warum der Betrieb der Herberge hauptsächlich von einem Dutzend Zivildienstleistenden aufrechterhalten wird – und damit ein Großteil des Teams im Rhythmus von neun Monaten automatisch immer wieder neu besetzt wird.

Es ist gut vier Jahre später. In der Zwischenzeit habe ich mein Studium der Volkswirtschaftslehre abgeschlossen. Ich habe eine Zeit lang International Business in Australien studiert und Erfahrung als ganz kleiner Fisch in Konzernen wie Sixt und Philips gesammelt. Im Frühling 2011 beginnt nun meine Zeit beim Start-up etventure[1].

Hier komme ich zum ersten Mal in Berührung mit neuartigen Konzepten der Teamführung und Mitarbeitermotivation. Einer der Gründer, Philipp, kommt gerade von der Stanford University im Silicon Valley zurück nach Deutschland und bringt von dort Methoden der modernen Team-Zusammenarbeit und des Design Thinking mit. Der andere Mitgründer, ebenfalls Philipp, ist einer dieser Menschen, die ich als eine »positive natürliche Autorität« bezeichnen würde. Ein scheinbar geborener Leader, dem die Menschen an den Lippen hängen und der es schafft, durch sein Auftreten, sein Charisma, seine Art mit anderen zu interagieren und kommunizieren, Menschen mitzureißen, sein Team zu Bestleistungen zu befähigen und jedem Einzelnen den Sinn und Zweck seiner Arbeit jeden Tag aufs Neue intrinsisch spüren zu lassen.

Für mich sind das die ersten Gehversuche in der Technologie- und Start-up-Szene. Ich bin fasziniert davon und lerne in diesen wenigen Monaten bei etventure viel darüber, was es heißt, eine Firma von vornherein mit einer klaren Vision, einer motivierenden Mission und einer klaren strategischen Zielrichtung aufzubauen, sodass das gesamte Team an einem Strang zieht und gemeinsam die eine große Sache erreichen will.

Es sind nicht nur dieser ausgeprägte Teamgeist und der Start-up-Spirit, die mich begeistern. Ich bemerke auch, dass hier beim Thema der Mitarbeiterakquise etwas signifikant anders läuft, als ich es bei Sixt, Philips oder in der Jugendherberge erlebt hatte.

Im Laufe meiner recht kurzen Zeit bei diesem Start-up wird auch mein Unternehmergeist geweckt. Ich konsumiere die Gründerszene-Videos von Joel Kaczmarek, in

---

1 https://www.etventure.de

denen er deutsche Digital-Gründer interviewt, rauf und runter. Wir beschäftigen uns viel mit neuen Produkten im Online- und Mobile-Bereich und analysieren, welche Produkte wir auf den Markt bringen könnten. Es ist die Zeit der Goldgräberstimmung im Bereich der Smartphone-Apps. Viele der Apps, die wir heute jeden Tag nutzen, sind damals noch unbekannt. Von Instagram gibt es noch keine Android-Version und es gehört noch lange nicht zu Facebook.

Irgendwann lese ich einen Artikel darüber, dass es in den USA bereits sehr populär ist, dass Familienmitglieder untereinander ihren Standort über ihr Smartphone teilen. Dass man als Eltern also auf dem Handy sehen kann, ob das Kind gut in der Schule angekommen ist oder die Kinder sehen können, dass Papa noch bei der Arbeit ist. Ich finde diese Idee so genial wie einfach und mache mich sofort schlau, ob es ein solches Produkt bereits in Europa gibt. Das gibt es noch nicht! Gleichzeitig denke ich mir: Wie cool wäre es, wenn ich meiner Oma nicht mehr per Anruf Bescheid geben müsste, nachdem ich sie besuche und wieder gut bei mir zu Hause angekommen bin? Welch eine Erleichterung wäre das für uns beide, wenn sie einfach automatisch darüber Bescheid bekommen würde. Die Idee für unser eigenes Start-up *Familonet*[2] war geboren.

In einem Gründungsseminar in der Uni lerne ich meinen Mitgründer Hauke kennen. Über einen Freund kommen wir in Kontakt mit unserem dritten Mitgründer David, den wir glücklicherweise für uns und unser Produkt begeistern können. Zu diesem Zeitpunkt ahne ich noch nicht, als welch großer Vorteil sich der Fakt, dass wir mit David einen visionären Mathematiker und Software-Programmierer im Gründerteam haben, entpuppen wird – insbesondere wenn es später um den Aufbau unseres Teams aus hoch qualifizierten Software-Engineers geht. David ist auch maßgeblich dafür verantwortlich, dass unsere Firma stets eine Technologiefirma mit einem hohen Anteil von Forschung und Entwicklung bleiben wird – und keine reine marketinggetriebene Verkaufsmaschine, was ich bei vielen Start-ups beobachte. Für uns wird es immer eine Stärke sein, auch über unser Produkt und unsere Technologie die besten Leute sowie große Partner und potenzielle Käufer unserer Firma anzuziehen.

Es sind wilde Zeiten am Anfang unserer Gründung. Wir drei arbeiten jeden Tag mindestens 12 Stunden, sieben Tage die Woche im Lager der Firma eines befreundeten Gründers.

---

[2] https://www.familo.net

1 Einleitung

Abb. 1: Meine Mitgründer David und Hauke in den ersten Tagen unseres Start-ups *Familonet*

Als wir es tatsächlich schaffen, allein mit einer PowerPoint-Präsentation den ersten Business Angel von unserer Idee für *Familonet* zu überzeugen, sammeln wir die ersten 50 Tausend Euro Investment-Kapital ein. Wir drei Gründer zahlen uns natürlich noch kein Gehalt, sondern nutzen das Startgeld dafür, unsere ersten Mitarbeiter einzustellen.

Während unser erster Mitarbeiter anfängt, die erste Version unserer App zu programmieren, wird das Geld bei uns Gründern immer knapper. Bei David kommt es sogar so weit, dass er seine Wohnung kündigen muss und es sich nachts auf einer Matratze im Schlafsack unter dem Tisch des Konferenzraumes unseres ersten Büros gemütlich macht.

Mit dem ersten Prototyp unserer App können wir weitere Investoren überzeugen und damit auch weitere Mitarbeiter einstellen. Unser Team wird also langsam immer größer. Zum ersten Mal muss ich mich als CPO damit auseinandersetzen, mit welchen Prozessen wir unser wachsendes Team dazubekommen, gemeinsam ein gutes Produkt zu bauen. In dieser Zeit mache ich auch zum ersten Mal die Erfahrung, einen Mitarbeiter entlassen zu müssen. Es geht mir jetzt noch durch Mark und Bein, wenn ich mich an diesen schwierigen, traurigen und gleichzeitig sehr befreienden Moment erinnere.

Viele Dinge im Sinne von Teamführung, agilen Prozessen und Produktentwicklungsstrategien machen wir damals, komplett grün hinter den Ohren, gerade noch als Studenten in der Uni gesessen, gehörig falsch. Wir fallen mit vielen Sachen böse auf die Nase. Aber: Wir ziehen unsere Lehren daraus. Die meisten unserer Fehler passieren uns nur ein einziges Mal.

Die *Familonet App* geht erst über ein Jahr nach Gründung unserer Firma live. In der Retrospektive werkeln wir viel zu lange an der ersten Version unseres Produktes herum, bevor wir es auf den Markt bringen. Dennoch: Wir hätten uns nicht träumen lassen, mit was für einem riesigen Knall der öffentlichen Aufmerksamkeit unser Baby das Licht der Welt erblickt. Wir schaffen es tatsächlich – ohne jegliche PR-Agentur im Hintergrund – dass am Tag ihres Launches RTL in den Mittags- und Abendnachrichten sowie n-tv stündlich über unsere App berichten. Und das am 22. September, dem Tag der Bundestagswahl 2013. Bei Bild.de gibt es direkt auf der Startseite einen prominenten Bericht über unser Produkt. Auch wenn uns an diesem Tag die Server vor Last zusammenbrechen, weil zehntausende Menschen gleichzeitig versuchen, sich anzumelden – für unser Team und uns Gründer ist es ein großartiger Moment, die harte Arbeit des letzten Jahres ausgiebig gemeinsam zu feiern.

Im Laufe der Jahre berichten immer wieder große Massenmedien über uns. Grundsätzlich bauen wir ein Endkonsumenten-Produkt mit Familien als Zielgruppe. Dennoch behalten wir uns stets einen klaren Fokus auf Forschung und Entwicklung zu unserer eigenen Technologie, die unter der Haube unseres Produktes arbeitet.

Dadurch machen wir uns nicht nur in der breiten Masse, sondern auch in der Technologie- und Experten-Szene einen gewissen Namen. Auch wenn wir nur ein kleines Start-up mit einem gemütlichen Office im Hamburger Schanzenviertel sind, so schärfen wir damit als Nebeneffekt bereits unsere Arbeitgebermarke. Der Begriff Employer Branding ist uns damals natürlich noch völlig fremd.

Wir schaffen es von Anfang an, in unserem Team, in unserer Firma eine eigene Firmenkultur – vielleicht sogar einen Kult – zu etablieren. Es geht sogar so weit, dass sich eine Art eigene Sprache mit teilweise eigenen, neu geschöpften Begriffen und Vokabeln entwickelt. Es wird zum Running Gag, dass jeder neue *Familonet* Mitarbeiter zum Start erst einmal vom Rest des Teams ein Training in »Familo-Talk« bekommt, um mitreden zu können. Das spricht sich herum in der Technologie-Szene. Es sorgt für Sympathie für unsere Firma und für die Mitglieder unseres Teams bei den Experten der Szene. Wir erarbeiten uns den Ruf, dass man bei uns auf höchstem professionellen Niveau miteinander arbeitet und gleichzeitig der Spaß und das Gemeinschaftsgefühl nicht zu kurz kommen.

Mit der Zeit werden immer öfter große Unternehmen und potenzielle Partner auf uns aufmerksam. So sorgt Bosch zum Beispiel dafür, dass unsere App in Autos von Jaguar und Land Rover serienmäßig in den Bordcomputern eingebaut wird. Die Deutsche Telekom installiert unsere App auf Tablets vor. Apple und Google werden zu Promotion- und Technologie-Partnern von uns.

Wir sind immer stärker auch in der internationalen Technologie- und Start-up-Szene integriert und vernetzt. Wir treffen die größten Venture Capitalists der Welt im Silicon Valley und in New York. Wir sind in den großen Tech-Hubs unterwegs, wie in Tel-Aviv, London und Dublin. Wir knüpfen wertvolle Kontakte zu anderen Unternehmern, Gründern und Leadern in aller Welt.

Dabei lernen David, Hauke und ich einige essenziell wichtige Dinge darüber, was Transparenz und Kommunikation gegenüber unserem Team angeht, wenn wir in aller Welt unterwegs sind und nicht in unserem kleinen, schönen Office im Hamburger Schanzenviertel bei unseren Leuten sein können.

In dieser Zeit fange ich so langsam an zu verstehen, was es wirklich bedeutet, Teil dieses weltweiten *War for Talent* zu sein und als Unternehmen zu versuchen, die besten Experten für sich zu begeistern. Ich fange an, all die Ideen, die Inspirationen, die Tipps, die Tricks und Impulse zu sammeln, die ich überall auf unseren Reisen von anderen Unternehmern, Gründern und Führungskräften aufschnappe. Wie kann ich die besten Leute für mich und meine Firma begeistern? Wie führe ich meine Leute gut? Wie bleiben sie lange bei mir? Wie werden sie zu Mitunternehmern, statt zu einfachen Söldnern?

Alles, was ich in persönlichen Gesprächen und Treffen, auf Konferenzen höre und lerne, notiere ich mir oder verankere es in meinem Kopf. Vieles davon probiere ich in unserem Start-up in Hamburg sofort aus. Ich erinnere mich zum Beispiel an Situationen mit dem Gründer von Mindspace in Tel Aviv, an ein spannendes Gespräch bei Foursquare in New York oder an Workshops an der Stanford Uni, wo ich wertvolle Hacks erfahre, die ich jetzt in diesem Buch an andere Unternehmer, Manager und Führungskräfte weitergeben darf.

Wie alle Unternehmen weltweit, die von Top-Experten und brillanten Fachkräften als Mitarbeiter abhängig sind, sehen natürlich auch wir uns der großen Herausforderung gegenüber, die besten Leute für uns zu begeistern, unser Team zu Bestleistungen zu befähigen, die Leute zu motivieren und sie langfristig bei uns zu halten.

Ich bin kein Personaler oder gelernter HRler. Ich bin einfach Gründer meiner Start-ups und beschäftige mich dennoch etwa 70 % meiner Zeit mit People-Themen. Unsere Firma ist davon abhängig, dass wir die besten Leute für uns gewinnen und dementsprechend sind wir auch ständig auf der Suche nach guten Leuten.

Wir bauen unser Netzwerk stets weiter aus. Nach und nach gelangen wir immer tiefer in die Experten-Szene, wodurch wir einerseits neue Menschen für uns begeistern und andererseits unser bestehendes Team so führen und motiviert halten können, dass die Leute uns lange erhalten bleiben.

Die Hacks in diesem Buch sind deshalb vor allem eigene Erfahrungen, die meine Gesprächspartner und ich in der Praxis gesammelt haben. Es sind größtenteils keine in wissenschaftlichen Studien untersuchten oder validierten Konzepte. Es sind vielmehr Taktiken, Ideen und Inspirationen, die ich aus Unterhaltungen und Treffen mit anderen Unternehmern und Führungskräften mitgenommen habe. Dinge, die ich irgendwann, irgendwo einmal in Artikeln gelesen habe. Ideen, die ich in Podcasts gehört habe – vielleicht in einem ganz anderen Zusammenhang – und die ich dann aufs Thema Mitarbeiter finden, führen und binden übertragen und mit meinen Teams ausprobiert habe. Es sind Anregungen dabei, die ich in meiner Mastermind-Gruppe bei der *Entrepreneurs Organisation* aufgeschnappt habe. Impulse, die ich auf Networking-Veranstaltungen, Events, Konferenzen oder in persönlichen Gesprächen erfahren habe. Dort, wo ich die Quelle eindeutig zuordnen kann, habe ich sie angegeben.

Über die Jahre kommen wir immer wieder in die Situation, dass größere Unternehmen und Konzerne Interesse zeigen, unser Start-up zu übernehmen. Wir haben regelmäßig Gespräche mit potenziellen Käufern und Exit-Partnern. Darunter zum Beispiel ein großes Sicherheitstechnologie-Unternehmen aus dem Silicon Valley sowie ein großes deutsches Medienhaus.

Aus unglücklichen Zufällen platzen diese Übernahmen jedes Mal ganz kurz vor dem geplanten Notartermin. Im Falle der geplatzten Übernahme durch das Medienhaus führt dies dazu, dass wir im Sommer 2016 einen großen Teil unseres Teams entlassen müssen.

Von uns drei Gründern ist in dieser hoch emotionalen und für das gesamte Team schwierigen Situation starkes Krisenmanagement gefragt. Wir müssen unsere Firma um 360 Grad wenden und schnellstmöglich profitabel machen, weil uns zu diesem Zeitpunkt nur noch 14 Tage bis zur Insolvenz bleiben.

Wir entscheiden uns dafür, zwei weitere Geschäftszweige zu eröffnen, mit denen wir schnell signifikante Umsätze generieren können. Mit unserem Software-Lizenzprodukt *Closely* vertreiben wir ab sofort unsere hauseigene Smartphone-Ortungs-Technologie an andere Unternehmen mit mobilen Produkten. In unserer Agentur *onbyrd* bauen wir fortan digitale Produkte für Geschäftskunden mit unserem Team.

Dieser Schwenk vom eigenen B2C-Produkt zum B2B-Projektgeschäft bringt ganz neue Herausforderungen für uns mit sich, was die Motivation und das Recruiting unserer Teammitglieder angeht. Unseren Investoren versprechen wir, dass wir innerhalb von sechs Monaten profitabel sein werden. Dank der unglaublichen Leistung, des großen

Zusammenhaltes und der tiefen Loyalität unseres gesamten Teams, jedes einzelnen Mitglieds, schaffen wir es sogar, innerhalb von nur drei Monaten unsere Firmen auf einen profitablen Erfolgskurs zu bringen.

Ein Jahr später klopft Daimler bei uns an. Nach einigen Monaten der Verhandlungen werden alle drei Geschäftszweige im August 2017 von der Daimler-Tochter *moovel* übernommen. Diese Übernahme unserer Firma, unserer Produkte und unseres gesamten Teams in die Konzernwelt hält ein weiteres Mal viele neue Herausforderungen, intensive Erfahrungen und wertvolle Learnings für uns bereit.

Die großen Fragen, die wir drei Gründer uns vor der Übernahme stellen, sind: Wie begeistern wir unsere Mitarbeiter dafür, mit ins Konzernumfeld zu gehen? Was ist der Unterschied zwischen einem Start-up mit 30 Leuten und einer Konzerntochter, die mit 300 Leuten, die über die ganze Welt verteilt sind, arbeitet? Wie halten wir unsere Leute motiviert? Wie funktioniert die Integration von einem Start-up-Team in ein großes bestehendes Corporate-Start-up-Team? Wie geht's mit der Produktentwicklung unserer *Familonet App* weiter? Können wir unsere gefestigten agilen Prozesse aufrechterhalten? All diese Erfahrungen im Konzernumfeld bringen uns unglaublich viele neue Learnings, die als Impulse, Strategien und Hacks in dieses Buch einfließen.

Abb. 2: Ein Teil unseres Teams beim Umzug zur Daimler-Tochter *moovel* nach der Übernahme

Es ist ein Treffen meiner Mastermind-Gruppe der Entrepreneurs Organization, wo ich den finalen Motivationskick bekomme, all diese Ideen, Tricks und Hacks, die ich über die Jahre an all meinen Stationen, gesammelt und angewandt habe, systematisch aufzuschreiben. Wir machen in der Gruppe an diesem Tag ein Treffen, bei dem es ausschließlich um People-Themen geht. Ich merke dabei einmal mehr, dass jedes Unternehmen, jeder Inhaber, jeder Gründer, jede Führungskraft das Problem kennt, die besten Leute für sich zu begeistern, sie zu Bestleistungen zu befähigen und lange bei sich zu binden. Und ich merke auch: Ich habe mir zu exakt diesen Themen über die Jahre einiges an Praxiswissen angeeignet, das definitiv auch wertvoll für andere Manager und Leader ist.

Immer mehr Unternehmer und Gründer aus meinem Bekannten- und Freundeskreis konsultieren mich für meine Ideen, schildern mir ihre konkreten Herausforderungen beim Finden und Binden guter Leute. Es spricht sich herum, dass ich ein wirkungsvolles Repertoire brillant-simpler potenzieller Lösungen für das Talente-Problem jeglicher Unternehmen und Teams angesammelt habe.

Ich denke mir: *Okay, dann will ich doch dafür sorgen, dass möglichst viele Unternehmer und Führungskräfte von diesem Repertoire profitieren!*

Kurzerhand fange ich an, jeden meiner Hacks in ein Mikrofon einzusprechen und als Podcast-Folge zu veröffentlichen. Damit ist um den Jahreswechsel 2018/2019 mein *Machen! Podcast* geboren.

Nachdem ich sehe, dass immer mehr Traffic auf meinen Podcast kommt und die Hörerzahlen stetig ansteigen, bringe ich 2019 zusätzlich zum Podcast das *Online-Magazin Machen!*[3] heraus. Und mit der Veröffentlichung meines ersten E-Books, das 222 meiner Hacks umfasste, wurde endlich ein großer Teil meiner Sammlung auch in schriftlicher Form für Führungskräfte und Manager zugänglich. Heute können 66 Hacks aus diesem Buch weiterhin kostenfrei als E-Book unter www.machen.fm/buch heruntergeladen werden.

Mittlerweile haben sich der *Machen! Podcast* und das *Machen! Magazin* zu einer umfangreichen deutschsprachigen Medienplattform für Inspirationen, Tipps und Tricks rund um People-Themen sowie agiles Management entwickelt.

Praxisnähe und echte Erfahrungen von Unternehmern und Führungskräften für Unternehmer und Führungskräfte sind mir dabei besonders wichtig. Auf meiner Plattform gibt es in der Regel keine theoretischen Abhandlungen, sondern Strategien und Ideen

---

[3] https://machen.fm

direkt aus den Erlebnissen und Learnings meiner Autoren und Interview-Gäste, die aus der realen Welt stammen. Und genau das ist auch mein Anspruch für die Hacks-Sammlung in diesem Buch.

Viele dieser Hacks stammen aus Podcast-Interviews, die ich mit großartigen Unternehmern und Führungskräften für den *Machen! Podcast* geführt habe. Die jeweilige Podcast-Folge ist direkt unter dem entsprechenden Hack zum Anhören für dich verlinkt. Scanne einfach das Bild unter dem Hack mit deiner App *smARt Haufe*, dann landest du direkt beim Podcast.

Was du hier in den Händen hältst, ist also aus der Sicht eines Unternehmers, eines Gründers, einer Führungskraft und eines Arbeitgebers geschrieben. Das Ganze richtet sich nicht primär an HR-Mitarbeiter und Recruiter, wenngleich ich mich natürlich auch sehr über solche Leser meines Buches freue.

Meine ganz klare Mission ist es, insbesondere kleinen und mittleren Unternehmen ein paar Tricks, Ideen, Inspirationen und Wege aufzuzeigen, die sich so oder so ähnlich auch bei ihnen mit wenig Aufwand und kostengünstig umsetzen lassen, um dem Fachkräftemangel erfolgreich zu trotzen.

Ich möchte ihnen Dinge an die Hand zu geben, um in einem immer stärker werdenden, internationalen War for Talent auch in Zukunft die besten Leute für sich gewinnen und nachhaltig wettbewerbsfähig bleiben zu können. Damit unsere kleinen und mittleren Unternehmen, unsere Hidden Champions, aber auch unsere großen Konzerne, weiterhin die wichtigste soziale Stütze für unsere Gesellschaft bleiben.

Und jetzt wünsche ich dir viel Erfolg, Spaß und Inspiration mit den Hacks, die ich in fast einem Jahrzehnt aus aller Welt für dich gesammelt und mitgebracht habe.

2 Der Magnet: Du oder dein Unternehmen?

Warum habe ich dieses Buch »Der Mitarbeiter-Magnet« genannt?

Wer oder was soll hier eigentlich der Mitarbeiter-Magnet sein? Ist es deine Firma? Bist du selbst es?

Deine Firma kann einen großen Namen haben. Das mag dazu führen, dass sich viele Menschen auf offene Stellenangebote bei euch melden. Wenn du einem kleinen oder mittleren Unternehmen angehörst, gestaltet es sich vielleicht schon schwieriger, auf Anhieb viele Bewerbungen auf eine offene Stelle zu bekommen.

Aber egal ob klein oder groß, du willst die *richtigen* Menschen anziehen. Du willst lieber eine einzige Bewerbung von der richtigen Person erhalten, als 100 Bewerbungen von Menschen, die nicht in dein Team passen.

Und die echten Experten, die Leute, die du wirklich haben willst, wissen: Es geht nicht darum, wie groß dein Unternehmen ist, wie gut der Name klingt, wie bekannt euer Produkt ist. Es geht darum, wie die Zusammenarbeit im Team ist, wie sehr sich jeder Einzelne persönlich weiterentwickeln kann und alle sich gegenseitig dabei unterstützen, ihr nächstes persönliches Level zu erreichen. Du als Führungskraft, als Inhaber, als Gründer, als Manager bist dabei die Identifikationsfigur für die Mitarbeiter in deiner Firma.

Die allerbesten Leute suchen sich nicht mehr die Firma aus, für die sie arbeiten möchten. Die besten Leute wählen ihren Arbeitgeber nicht nach dem Produkt aus, an dem sie arbeiten werden. Der Name des Arbeitgebers und das Produkt sind – wenn überhaupt – nice-to-have. Die besten Leute treffen ihre Entscheidung, wem sie ihre wertvolle Arbeitszeit verkaufen, danach, mit welchem Chef sie es zu tun haben werden, wer ihre Führungskraft oder ihre Managerin sein wird. Sie wollen mit Menschen zusammenarbeiten, von denen sie selbst noch etwas lernen können, die sie inspirieren. Menschen, mit denen sie sich persönlich weiterentwickeln können – und mit denen sie die nächste Stufe ihrer beruflichen und fachlichen Entwicklung erreichen können.

Vom römischen Philosophen Augustinus von Hippo soll das treffende Zitat stammen *»Nur wer selbst brennt, kann Feuer in anderen entfachen«.*

Ich bin der absoluten Überzeugung, dass du als Unternehmer, Führungskraft, Inhaber oder Gründer es fest in deiner Hand hast, die besten Leute anzuziehen. Du bist *der Magnet* hin zu deiner Firma. Oder du bist es eben nicht. Heute ist es nicht mehr so, dass du einfach ein Stellenangebot veröffentlichst und gute Leute stehen automatisch

Schlange. Du musst durch kluge Maßnahmen, die langfristig angelegt sind, dafür sorgen, die besten Mitarbeiter für dich, für dein Team und für deine Firma zu begeistern.

Deshalb führe ich dich in diesem Buch durch das Konzept des *Talente-Funnels*. Dadurch schaffst du dir ein System, das stetig dafür sorgt, dass du und dein Unternehmen mit potenziell guten Leuten in Kontakt kommen. Das gesamte System wird laufend dafür sorgen, dass neue Top-Kandidaten deine Firma kennenlernen, sie langsam, aber sicher für dein Unternehmen und vor allem für dich als Führungskraft eine Begeisterung entwickeln. Und irgendwann kommt der großartige Moment, in dem du mit ihnen den Arbeitsvertrag unterschreiben wirst.

Meine Kolleginnen und Kollegen in der Jugendherberge, in der ich Zivi war, hätten ihren Arbeitgeber niemals an andere Leute weiterempfohlen. Sie hatten nicht das Gefühl, dort in einem inspirierenden und herzlichen Umfeld, das sie jeden Tag gerne aufsuchen, zu arbeiten. Sie haben sich nicht wohlgefühlt. Sie haben keine Wertschätzung und kein Wort des Dankes erhalten. Ihr größtes Ziel jeden Morgen war es, den Tag so schnell wie möglich hinter sich zu bringen. Keiner von ihnen wäre auf die Idee gekommen, mit den Teamkollegen oder gar dem Chef in der Freizeit auch mal etwas Privates zu unternehmen. Keiner hätte die Frage mit »*Ja klar*« beantwortet, ob sie sich in der Herberge persönlich weiterentwickeln oder eine Erfüllung in ihrer Arbeit sehen. Die Leute waren durch den Führungsstil, beziehungsweise den nicht vorhandenen Führungsstil des Chefs reine Söldner, die jeden Tag ausschließlich fürs Gehalt am Ende des Monats zur Arbeit gekommen sind.

Das exakte Gegenteil war es im Start-up etventure, wo ich nur wenige Monate verbracht habe. Aber in dieser Kürze der Zeit wurde ich dort so sehr inspiriert, habe mich persönlich so stark weiterentwickelt, dass ich eine echte Transformation vom Studenten zum Unternehmer hingelegt habe. Der Führungsstil, der Teamspirit, die Vision, die Mission, der Teamzusammenhalt waren so motivierend für mich, dass ich 24 Stunden am Tag die Mission in mir spürte, ein großartiges digitales Geschäftsmodell auf die Straße bringen und groß machen zu wollen. Die Kollegen dort haben intrinsisch motiviert Experten aus ihrem Freundes- und Bekanntenkreis sowie Ex-Kollegen in die Firma angeworben. Die Chefs Philipp und Philipp haben ihre Personal Brand nach innen sowie nach außen klug genutzt, um weitere Top-Leute für ihr Unternehmen zu begeistern. Es hat sich regelrecht ein lebhafter Organismus entwickelt, bestehend aus sich selbst verstärkenden Synergien. Das gesamte Team war gemeinsam stärker als die Summe seiner einzelnen Mitglieder. Hier hat sich ein echter, kraftvoller Mitarbeiter-Magnet gebildet, der seine Energie, ausgehend von den Gründern, auf das Team und damit auf die gesamte Firma bis nach außen verbreitet hat. Diese Energie hat die besten Leute in die Firma gezogen – was wiederum dafür gesorgt hat, dass die Anziehungskraft des Magneten sich noch weiter verstärkt hat.

Genau deshalb geht es in diesem Buch in fast allen Kapiteln darum, wie du deine Persönlichkeit, dein internes und externes Personal Branding, deine Führungsskills und die Prozesse der Zusammenarbeit in deinem Team immer weiter verbessern kannst. Dabei liegt es alles an dir als Mensch, als Persönlichkeit, als derjenige, der mindestens acht Stunden am Tag, fünf Tage die Woche mit deinen Leuten zusammenarbeitet, ein Nordstern für dein Team zu sein. Es geht darum, wie du derjenige wirst, der für dein Team die Leitplanken setzt, der das Ziel und die Richtung vorgibt, der die Mitarbeiter dazu bringt, so schnell es geht, loslaufen zu wollen. Und der die Leute immer wieder daran erinnert, warum sie jeden Tag zur Arbeit kommen, warum ihr gemeinsam all das tut, was ihr tut.

Wenn du eine positive, natürliche Autorität für dein Team bist, dann wird deine Kraft auch nach außen wirken und dafür sorgen, dass du ganz automatisch die besten Leute anziehst. Damit das passiert, musst du etwas verkörpern, musst du für etwas stehen, musst du deine eigene Positionierung gefunden haben – und sie jeden Tag leben.

Dann wird es dir kinderleicht fallen, dass die besten Leute fast magisch ihren Weg zu dir finden. Sie werden sich für deine Firma, dein Team und dein Produkt begeistern. Du wirst sie für dich begeistern und lange an deiner Seite behalten. Deine Mitarbeiter werden zu Mitunternehmern, statt einfache Söldner zu sein. Ab diesem Moment setzt die sich selbst verstärkende Kraft deines Mitarbeiter-Magneten ein. Je mehr Top-Leute du in dein Team holst, desto mehr brillante Mitarbeiter wirst du in Zukunft für dein Team, deine Firma und deinen Erfolg gewinnen.

Lass uns mit den Inspirationen und Impulsen aus diesem Buch gemeinsam dafür sorgen, dass du dein nächstes persönliches Level als Leader erreichst, die besten Leute anziehst und ein immer stärkerer Mitarbeiter-Magnet wirst.

3 Was ist ein Hack?

Der Brite Mark Williams, einer meiner absoluten Lieblingspodcaster, hat es mal in einer Folge seines sehr empfehlenswerten *LinkedInformed*-Podcasts treffend ausgedrückt: »*Hacks* is always an interesting word that sounds kind of exciting. They're just pieces of advice.«[4]

Die Top-Definition von Hack im *Urban Dictionary* lautet: »A type of cheat on computers that can help you be a pro on video games.«[5]

Die Synthese aus diesen beiden Definitionen beschreibt perfekt, was dich in diesem Buch erwartet. Die Hacks, die ich über die Jahre von Unternehmern und Leadern rund um den Globus gesammelt und kuratiert habe, lassen sich gut zusammenfassen als *»Kleine Ratschläge, die dir helfen können, ein echter Profi beim Anziehen und Führen der besten Talente zu werden.«*

Hacks sind wie Hebel: Mit vergleichsweise wenig Kraftaufwand kann man – richtig angewandt – eine große Wirkung erzielen.

Sie sind nicht mehr und nicht weniger. Die Hacks in diesem Buch sind inspirierende Impulse, kluge Ideen und motivierende Strategien für dich als Führungskraft. Sie sind kleine Kurzanleitungen und Strategien direkt aus der Praxis, wie du die besten Mitarbeiter für dich, dein Team und deine Firma gewinnst, wie du sie so führst, dass sie zur besten Version von sich selbst werden – und wie du sie damit lange an deiner Seite behältst.

Du wirst feststellen, dass sich nicht alle hier gesammelten Hacks für dich und dein Unternehmen eignen. Einige passen vielleicht nicht zu deiner Art des Managements oder zu eurer Firmenkultur. Und das ist vollkommen okay. Suche dir aus der Fülle der Inspirationen, Impulse und Denkanstöße in diesem Buch einfach diese heraus, die sich für dich gut und passend anfühlen. Aber sei dabei mutig. Probiere ruhig auch mal Dinge aus, die sich vielleicht erst einmal ungewohnt anfühlen. Du, deine Kollegen und dein Team dürft ruhig eure Komfortzone verlassen. Nur dann entsteht echte Veränderung.

Die erfolgreichsten Leader sind diejenigen, die ihre Leute aufs Siegertreppchen bringen. Es sind die Führungskräfte, welche die größte Erfüllung verspüren, wenn ihre

---

4   https://linkedinformed.com/episode277/
5   https://www.urbandictionary.com/define.php?term=Hack

Mitarbeiterinnen für einen Erfolg gefeiert werden. Die dann, wenn ein Mitglied ihres Teams etwas Großes erreicht hat, schweigend im Hintergrund stehen und einfach nur glücklich den Moment genießen. Es sind diejenigen, die verstanden haben, dass ihre Aufgabe als Nordstern-Figur darin liegt, andere Menschen erfolgreich zu machen.

Genau dafür erhältst du in diesem Buch eine wirkungsvolle Sammlung an Handwerkszeug. Die Hacks sind in der Regel weder durch wissenschaftliche Studien noch durch Versuche im Labor untersucht. Sie sind ganz einfach Erfahrungen und Learnings, die all die Menschen, von denen ich irgendwann einmal einen Hack aufgeschnappt habe, als Leader und Entscheider in ihren Firmen und Teams erlebt haben.

Die wenigsten von ihnen sind HR-Experten oder Personaler. Viele sind Gründer, Unternehmer oder Manager, die sich, genauso wie ich, irgendwann mit Talent-Management auseinandersetzen mussten und sich ihre Kenntnisse via Learning by Doing in der Praxis angeeignet haben.

Bei den Hacks, die von meinen Interview- oder Gesprächspartnern im *Machen! Podcast* stammen, findest du den Link zur entsprechenden Folge direkt angegeben. Höre dort gerne hinein, um noch mehr Kontext sowie die Hintergrundgeschichten zu all den Praxistipps zu bekommen!

Natürlich halte ich ständig die Augen offen nach weiteren Hacks. Als Fortsetzung der Sammlung in diesem Buch versende ich einmal pro Woche drei neue, handkuratierte Hacks in meinem *Machen! Hacksletter*, den du kostenlos unter machen.fm/letter abonnieren kannst.

Erlaube mir noch einen kleinen Hinweis:

In einigen der Hacks geht es im weiteren Sinne um rechtliche und steuerliche Themen. Da ich weder Jurist noch Steuerberater bin, empfehle ich dir, solche Themen vor der Umsetzung zunächst mit eben diesen zu besprechen.

4 Das Funnel-Prinzip

Das Grundkonzept dieses Buches liegt darin, dass wir als Unternehmer oder Führungskraft unsere potenziellen zukünftigen Mitarbeiter, also mögliche Kandidatinnen und Bewerberinnen, wie Kunden betrachten sollten.

In unserer Zeit des Fachkräftemangels und des War for Talent, ist es umso wichtiger zu verstehen, dass wir uns in einem Arbeitsangebotsmarkt befinden: Die Nachfrage nach absoluten Top-Experten und Fachleuten übersteigt das Angebot in vielen Bereichen. Dies bedeutet gleichzeitig, dass wir es mit einem Arbeitnehmermarkt zu tun haben. Die begehrten Leute suchen sich ihren Arbeitgeber ganz genau aus. Sie sind in der Regel nicht proaktiv auf Jobsuche, um eine neue Stelle zu finden. Viele sind allerdings bereit dafür, sich finden zu lassen – sie sind latent wechselwillig und Teil des sogenannten passiven Bewerbermarktes. Das ist unsere Chance!

Nun ist es unsere Aufgabe, auf diesem passiven Bewerbermarkt genau die Menschen zu erreichen und für uns zu begeistern, die wir gerne gewinnen möchten. Wir müssen unsere offenen Stellen, unsere Firma, das Arbeiten in unserem Team, unsere Vision und unsere Mission an diese Menschen verkaufen.

Wir sind Verkäufer. Und die guten Leute sind unsere potenziellen Kunden.

Wie bekommen wir nun unser Produkt – nämlich das Arbeiten in unserer Firma – an unsere Zielkunden verkauft?

Ganz einfach: Wir schauen uns einmal an, wie die Verkaufsprofis so etwas anstellen würden. Wir werfen einen Blick hinüber in die Marketing- und Sales-Abteilungen unserer Firmen!

Im Marketing und Sales hat sich das Konzept des *Funnels* – zu deutsch Trichter – als Vertriebsprozess weithin durchgesetzt und etabliert. Dieses hilft uns dabei, zu verstehen, wie wir Interessierte gewinnen und diese dann Schritt für Schritt zu »zahlenden« Kunden machen.

4 Das Funnel-Prinzip

Durch bestimmte Maßnahmen füllen wir den Trichter von oben mit einer großen Zahl interessierter Menschen und unten fallen ein paar davon als Neukunden heraus. Weitaus nicht alle, die oben in den Trichter hinein gelangen, enden auch als zahlende Kunden. Denn auf dem Weg durch den Trichter findet auch gleichzeitig eine Filterung statt. Nur ein Bruchteil derer, die oben in den Trichter hereinkommen, durchlaufen alle Phasen des Funnels und werden zu Kunden.

Unser Ziel ist es natürlich, so viele Interessierte wie möglich durch alle Phasen des Trichters zu bringen und damit als gute Kunden – oder eben als Mitarbeiter – zu gewinnen.

Die Hacks in diesem Buch sind aufgeteilt in exakt diese Phasen des Talente-Funnels. Jeder Hack dient dazu, den Anteil derer zu erhöhen, die jene Phase des Trichters, in der sie sich gerade befinden, erfolgreich durchlaufen und in die nächste Phase gelangen.

Dabei ist es unsere Aufgabe als Leader, sie dazu zu motivieren, den jeweils nächsten Schritt zu gehen, Phase für Phase unseres Talente-Funnels zu durchlaufen und am Ende den Arbeitsvertrag bei uns zu unterschreiben.

Die verbreitetste Möglichkeit, um die verschiedenen Phasen eines Marketing- und Sales-Funnels zu visualisieren, ist das *AIDA-Modell*, das auf den US-Marketing-Experten Elias St. Elmo Lewis und damit bis ins Jahr 1898 zurückgeht.[6]

Abb. 3: Der klassische *AIDA-Sales-Funnel*

---

6   E. St. Elmo Lewis: *Catch-Line and Argument.* In: The Book-Keeper, Vol. 15, Februar 1903, S. 124.

Zunächst wollen wir bei Menschen, die überhaupt als mögliche Kandidaten infrage kommen, *Awareness* generieren, also ihre Aufmerksamkeit für uns und unser Unternehmen gewinnen. Danach wollen wir *Interest*, also ihr Interesse, wecken, sich näher mit den bei uns offenen Positionen und Möglichkeiten auseinanderzusetzen. In der nächsten Phase möchten wir für ein *Desire* sorgen, also für eine Absicht bei unseren Zielmitarbeitern, Mitglied unseres Teams werden zu wollen. All dies mündet optimalerweise in der *Action* des Abschlusses, also in der Unterschrift des Arbeitsvertrages.

Mit dem Unterschreiben des Vertrages ist es jedoch noch nicht getan. Auch in diesem Moment befindet sich die Person weiterhin in einer Phase unseres Funnels, denn: Wir wollen mehr von ihr! Wir möchten sie nicht nur dazu motivieren, unsere Mitarbeiterin zu werden, nein, wir möchten sie auch dazu motivieren, als Botschafterin und Fürsprecherin für uns tätig zu werden und als Multiplikatorin noch viel mehr gute Leute für unsere Firma zu begeistern.

Gute Leute kennen andere gute Leute. Andere gute Leute lassen sich von den besten anziehen und überzeugen. Deshalb sind unsere Mitarbeiter die effektivsten Recruiter, die wir in unserem Unternehmen haben.

Im Konzept des Talente-Funnels gibt es deshalb noch zwei weitere sehr wichtige Phasen nach der Action der Vertragsunterschrift, nämlich *Loyalty* und *Advocacy*:

Das Ziel ist es, gute Leute nicht nur zu Mitarbeitern zu machen, nein, wir wollen sie zu langfristigen und loyalen Mitarbeitern machen. Wir wollen sie zu Mitunternehmern machen, die eine hohe Bindung und eine Treue zu unserer Firma entwickeln. So schließt sich im Talente-Funnel die Phase Loyalty an das AIDA-Standardmodell an.

In der letzten Phase, Advocacy, geht es darum, unsere Mitarbeiter zu echten Multiplikatoren und engagierten Fürsprechern zu machen. Außerdem wollen wir auch diese Menschen zu langfristigen Botschaftern unseres Unternehmens machen, die entweder nicht mehr bei uns arbeiten oder noch nie bei uns gearbeitet haben. Auch hierin liegen unglaubliche Potenziale verborgen, um die besten Leute zu begeistern.

4 Das Funnel-Prinzip

Abb. 4: Der Talente-Funnel dieses Buchs

Conversion-Optimierung

Deine Aufgabe als Leader deiner Firma ist es, jede einzelne Phase eures Talente-Funnels genau zu kennen. Denn nur dann kannst du durch bestimmte Strategien erfolgreich die Anzahl der Personen erhöhen, die von einem Schritt zum nächsten wechseln.

Der prozentuale Anteil derer, die von einer Phase des Funnels in den nächsten gelangen, nennt man die *Conversion Rate* des jeweiligen Schrittes.

Mache dir bitte einmal die immensen Auswirkungen dieser Conversion Rates auf dein Unternehmen bewusst.

Nehmen wir an, du verdoppelst durch die richtigen Taktiken die Conversion Rate in zwei Schritten des Trichters. Der Prozentsatz von Menschen, die von aktivierten Kandidatinnen zu Bewerberinnen werden, steigt von 3 % auf 6 % und der Anteil derer, die von Bewerbern zu Mitarbeitern werden, verdoppelt sich von 5 % auf 10 %. Damit erreichst du auf einen Schlag jeden Monat die vierfache Anzahl neu gewonnener Mitarbeiter!

Eine der wichtigsten Aufgaben unserer Kollegen in den Marketing- und Sales-Abteilungen – gerade im Onlinebereich – ist es, jeden Tag, bei jeder einzelnen Conversion Rate des Funnels noch ein paar Zehntel Prozentpunkte herauszuholen. Denn bereits kleine Optimierungen an zwei oder drei Conversions im Funnel haben immense Auswirkungen auf das Endergebnis – und somit auf den Erfolg des Verkaufsprozesses oder, wie in unserem Falle, auf das Gewinnen der besten Mitarbeiter.

Und genau das ist der Kern dieses Buches: Jeder einzelne Hack auf den folgenden Seiten setzt an einer bestimmten Stelle des Funnels an, um die Conversion Rate von einer Phase in die nächste ein Stück zu erhöhen.

Die folgende Grafik zeigt einige der Strategien, Maßnahmen und Themen, die dafür sorgen können, die richtigen Menschen dazu zu motivieren, von einer Phase des Funnel zur nächsten zu *konvertieren*. Die Hacks auf den folgenden Seiten drehen sich rund um diese Themen und geben praxisnahe Impulse und Anregungen, die Conversion Rates des Talente-Funnels deines Unternehmens proaktiv zu optimieren.

4 Das Funnel-Prinzip

Abb. 5: Maßnahmen für Conversion-Optimierungen im Talente-Funnel

5 Die Kategorien

Neben der Aufteilung aller Hacks in die einzelnen Phasen des Talente-Funnels, wird jeder Hack zudem einer bestimmten *Kategorie* zugeordnet. Zu welcher der verschiedenen Kategorien der Hack gehört, wird im Buch mit einem bestimmten Label gekennzeichnet.

Diese Kategorien beziehen sich auf die einzelnen Themenbereiche des Talent- und People-Managements, die dir als Unternehmer oder Führungskraft regelmäßig im Arbeitsalltag begegnen. Möglicherweise sind auch einige Kategorien dabei, mit denen du dich bislang noch nicht auseinandergesetzt hast – die dir zukünftig aber dabei helfen werden, die besten Leute nachhaltig für dich und deine Firma zu begeistern.

Die Kategorien ermöglichen dir einen Schnellzugriff auf alle zu einem bestimmten Thema relevanten Hacks in diesem Buch. Wenn du beispielsweise das nächste Mal ein Stellenangebot formulieren möchtest, schaue dir einfach vorher kurz alle Hacks mit dem Label ✦ *Job Posting* in diesem Buch an, um Ideen und Impulse für das Erstellen einer guten Stellenausschreibung zu erhalten. Damit du die jeweiligen Hacks schnell findest, gibt es am Ende des Buchs ein Verzeichnis, in dem die Hacks nach Kategorien geordnet sind.

So ist dieses Buch dein neuer, dauerhafter Begleiter, der dir in unterschiedlichen Situationen des Talent- und People-Managements immer mit den gerade passenden Strategien und Inspirationen zur Seite steht.

Die meisten der Kategorien spielen nicht nur in einer bestimmten Phase des Funnels eine Rolle, sondern sind in mehreren Phasen in Form unterschiedlicher Hacks wiederzufinden. Das Kategorienverzeichnis am Ende des Buches ermöglicht dir einen schnellen Zugriff auf alle zu einem bestimmten Thema relevanten Hacks.

Eines der folgenden 16 Kategorie-Labels wirst du bei allen Hacks im Buch finden. Am Anfang jedes Kapitels siehst du zusammengefasst, welche Kategorien dich in diesem Kapitel jeweils erwarten.

- Anforderungsprofil
- Networking
- Employer Branding
- Social Recruiting
- Job Posting
- Direktansprache
- Benefits
- Auswahlprozess
- Angebot
- Onboarding
- Führung
- Motivation
- Teambuilding
- Personal Branding
- Persönliche Entwicklung
- Trennung

6 Dein Talente-Funnel

6.1 Awareness: Die Aufmerksamkeit deiner Zielgruppe gewinnen

Abb. 6: Kandidaten aus dem Marktpotenzial der gesamten Zielgruppe gewinnen

Über deinem Talente-Funnel steht die Gesamtheit aller Menschen, die potenzielle zukünftige Mitarbeiter deiner Firma werden könnten. Sie sind die Zielgruppe für deine offenen Positionen und stellen sozusagen das gesamte Marktpotenzial deines Recruiting-Vertriebsprozesses dar.

Im ersten Schritt des Funnels geht es darum, aus diesem Marktpotenzial, bei möglichst vielen Menschen der Zielgruppe, für eine Awareness gegenüber deiner Firma, deiner Person sowie deinen offenen Stellen zu sorgen. Du möchtest die initiale Aufmerksamkeit von möglichst vielen, potenziell passenden Menschen gewinnen, um sie tiefer in deinen Funnel zu ziehen.

Im Vertrieb würde man sagen, das Ziel dieser ersten Phase ist es, aus der Zielgruppe heraus möglichst viele Menschen zu *Leads* zu machen. Hier im Talente-Funnel nennen wir sie Kandidaten. Kandidaten sind all diese Personen, von denen zunächst mal *wir* als Führungskräfte oder Unternehmer denken, dass sie zu uns passen könnten. In den nächsten Funnel-Phasen geht es dann darum, dafür zu sorgen, dass sich *auch* auf Kandidatenseite zunächst ein Interesse und dann ein Verlangen dafür entwickelt, bei uns an Bord sein zu wollen.

Dementsprechend widmen sich die Hacks in dieser ersten Phase – der Awareness – vor allem solchen Themen, die zur Vergrößerung deiner Zielgruppenreichweite durch dein persönliches Netzwerk sowie zur Zielgruppenbestimmung und der wirkungsvollen Ansprache potenzieller Kandidatinnen über die richtigen Kanäle beitragen.

Gerade die Kraft deines persönlichen Netzwerks ist ein absolutes Herzensthema von mir – wenngleich ich dies am Anfang meiner Zeit als Gründer und Unternehmer selbst gnadenlos unterschätzt habe.

Über die Jahre habe ich gelernt, dass es ein unglaublich mächtiges Instrument ist, den Kontakten in meinem Netzwerk regelmäßig »Intros« – kurz fürs englische *Introductions* – zu geben, um auf diese Weise mittelfristig sehr viel Wertvolles aus dem Netzwerk zurückzubekommen. Ich würde behaupten, ich habe mittlerweile ausgeprägte Antennen dafür entwickelt, schnell herauszuhören, wer in meinem Netzwerk für einen anderen Menschen potenziell wertvoll, spannend oder interessant sein könnte. In meinem Kopf habe ich all meine Freunde, Bekannten und Geschäftskontakte gewissermaßen »einkategorisiert«, sodass mir bei fast jeder Person, die ich neu kennenlerne, jemand einfällt, dem ich sie vorstellen könnte. Optimalerweise können beide Seiten von meinem gegenseitigen Bekanntmachen profitieren.

Für ein gutes und nachhaltiges Geben und Erhalten von Intros gibt es einige Dinge zu beachten, die du unter anderem in diesem Kapitel erfährst. Regelmäßig anderen Menschen Intros zu machen, dabei ein gutes Gefühl zu haben und keine unmittelbare Gegenleistung zu erwarten, ist eines der großartigsten Investments, das du in deinen eigenen Erfolg tätigen kannst, um Schritt für Schritt zum echten Mitarbeiter-Magneten zu werden.

In diesem Abschnitt findest du Hacks der folgenden Kategorien:

⚡ Networking

⚡ Employer Branding

#1 Profitiere proaktiv von den Kontakten deines Netzwerks

Sei dir darüber bewusst, dass dein persönliches Netzwerk einer deiner stärksten Kanäle ist, um an neue, qualifizierte Mitarbeiter zu kommen. Hierbei gilt in ganz besonderem Maße das Prinzip *Geben und Nehmen*. Überlege bei allem, was du tust, wie es dazu beiträgt, dein Netzwerk auszubauen, zu füttern und zu nutzen.

✦ Networking

#2 Baue dein Netzwerk immer weiter aus

Wenn du auf Veranstaltungen, Konferenzen oder anderen Events Gründerinnen oder Mitarbeiter anderer Unternehmen kennenlernst, versuche stets herauszuhören und nachzuhaken, welche Bedürfnisse diese Person gerade haben könnte und biete deine Unterstützung an. Bilde regelrecht deine Antennen dafür aus, sofort zu erkennen, wenn du einer Person irgendwie weiterhelfen kannst.

✦ Networking

#3 Nutze die Reziprozität deiner Kontakte, indem du ihnen hilfst

Denke immer darüber nach, wem in deinem Netzwerk du eine bestimmte Person, die ein wertvoller Kontakt für sie sein könnte, vorstellen könntest. Sei aufmerksam und entwickle eine Sensibilität dafür, was deinem Gegenüber gerade geschäftlich oder persönlich weiterhelfen könnte, wofür du sorgen kannst. Kennst du beispielsweise einen potenziellen Kunden oder Geschäftspartner? Kannst du einen Anwalt oder Steuerberater weiterempfehlen? Oder hast du gar einen möglichen neuen Mitarbeiter für die Firma deines Gegenübers im Hinterkopf? Biete aktiv deine Unterstützung beim Knüpfen nützlicher Kontakte an. Dies wird in der Zukunft positiv auf dich zurückfallen. Denn: Im Wort *verdienen* steckt das Wort *dienen*. Oder wie unsere amerikanischen Freunde sagen würden: »Serve first!«

✦ Networking

#4 Stelle sicher, dass dein Netzwerk dich leicht kontaktieren kann

Das Vernetzen per LinkedIn und Xing ist gut. Noch besser ist es, zusätzlich ein persönlicheres soziales Netzwerk oder einen Messenger zu wählen, um in Kontakt zu bleiben. Instagram und Facebook haben hier ganz besondere Stärken.

Schrecke nicht davor zurück, Personen, die du im geschäftlichen Kontext kennengelernt hast, einfach eine Kontaktanfrage bei Instagram zu senden. Die meisten Menschen finden das vollkommen okay und haben natürlich auch eine gewisse Neugier, etwas Privates über ihre Geschäftskontakte zu erfahren.

⚡ Networking

#5 Stelle sicher, dass dich dein Netzwerk im Hinterkopf behält

Wenn du von Zeit zu Zeit etwas Privates oder Neuigkeiten über dein Unternehmen bei Facebook postest, wirst du deinen Kontakten regelmäßig zurück ins Gedächtnis gerufen – und umso eher wird man an dich denken, wenn es um ein potenzielles Intro zu einer für dich nützlichen Person geht. Das gleiche Prinzip kannst du auch auf Twitter oder Instagram anwenden. Hier ist es allerdings – bedingt durch die Plattform – nicht gesichert, dass dein Kontakt auch dir folgen wird, sobald du ihm folgst. Auch eine kurze, nette oder amüsante WhatsApp-Nachricht von Zeit zu Zeit an deine einst geknüpften Kontakte wirkt Wunder und du bleibst präsent im Gedächtnis.

⚡ Networking

#6 Nutze Intros, um regelmäßig an neue Kontakte zu kommen und im Recruiting-Karussell um die besten Fachleute erfolgreich zu sein

Bei der Nutzung von Intros gilt Geben und Nehmen. Wenn deine Kontakte bemerken, dass du ausschließlich nach Intros zu für dich interessanten Personen fragst, wird die Bereitschaft, dir gute Leute vorzustellen, schnell nachlassen. Wenn dein Netzwerk allerdings merkt, dass du anderen gegenüber ebenfalls hilfsbereit bist, wird man auch dir immer gerne weiterhelfen.

⚡ Networking

🎧 Scanne das Bild rechts mit deiner App *smARt Haufe*, dann landest du beim *Machen! Podcast 7*[7]

---

[7] https://machen.fm/7

#7 Halte dein Wort, wenn du jemandem ein Intro versprochen hast

Wenn du jemandem ein Intro zu einer bestimmten Person in Aussicht gestellt hast, solltest du dies auch spätestens am nächsten Tag ohne Wenn und Aber umsetzen. Ein Intro zu geben ist ein großer Vertrauensbeweis und ein sehr wertvoller Akt. Niemand wird dich einer anderen Person vorstellen, wenn dadurch seine eigene Reputation leiden könnte.

✦ Networking

#8 Folge diesem Schema, wenn du jemandem ein Intro machst

Ein Intro funktioniert am besten schriftlich per E-Mail oder Social Media Messenger und folgt stets einem ähnlichen Muster. Nehmen wir folgende Situation an:

Anton hat mitbekommen, dass der erfahrene Software-Developer Berti sich in seinem aktuellen Job fachlich unterfordert fühlt und beruflich mehr Verantwortung übernehmen möchte. Anton lernt auf einer Abendveranstaltung Carla kennen, die ihm erzählt, dass sie dringend einen erfahrenen Developer sucht, der die Software-Entwicklung und ein neues IT-Team von sechs Leuten in ihrem Online-Versandhandel leiten kann.

Eine Intro-E-Mail von Anton an Berti und Carla könnte nun so aussehen:

Abb. 7: Das Schema der initialen Intro-E-Mail

Carla ist sich der herausragenden Bedeutung dieses Intros bewusst und antwortet innerhalb von nur wenigen Minuten in einer gemeinsamen E-Mail an Anton und Berti:

6.1 Awareness: Die Aufmerksamkeit deiner Zielgruppe gewinnen

An: Berti

Kopie: Anton

Betreff: Re: Intro Carla und Berti

Hallo Anton,
vielen Dank für das Intro!

Hallo Berti,
es freut mich sehr dich kennenzulernen!

Wie Anton bereits angedeutet hat, werden wir in Kürze einen weiteren Webschop eröffnen und unser Portfolio auf den Gartenbereich erweitern.

Dafür bauen wir gerade ein ganz neues Entwicklungsteam auf und suchen einen geeigneten Leiter.

Wollen wir heute Nachmittag 16:00 Uhr telefonieren, um ein Kennenlerntreffen zu vereinbaren?

Vielen Dank und beste Grüße
Carla

Abb. 8: Das Schema der Antwort-E-Mail auf ein Intro

✦ Networking

#9 Baue nachhaltige Beziehungen auf Meetups und Experten-Events auf

Normalerweise fällt man als fachfremder bei Meetups und Experten-Events schnell in der Runde auf. Es wird von der Community nicht gerne gesehen, wenn Teilnehmer rein zu Recruiting-Zwecken und für HR-Maßnahmen an solchen Veranstaltungen teilnehmen. Nutze diese Events lieber, um mit Fachleuten eine nachhaltige Beziehung aufzubauen und später, langsam aber sicher, von ihrem Netzwerk zu profitieren.

◆ Networking

#10 Versende Grußkarten an ehemalige Bewerber und Mitarbeiter

Schicke zum Geburtstag und Weihnachten Grüße an ehemalige Bewerber und Mitarbeiterinnen, um bei ihnen im Gedächtnis zu bleiben. Du weißt ja: Man sieht sich immer zweimal im Leben.

◆ Employer Branding

#11 Erhöhe dein Potenzial mit weiteren Standorten

Eröffne einen Standort oder ein Büro an einem Ort, an dem der Zugang zu Fachleuten einfacher und günstiger ist. Für Firmen, die beispielsweise Schwierigkeiten haben, gute Software-Entwickler an ihrem aktuellen Standort zu finden, kann die Ausweitung ihrer Suche auf die nächstgelegene größere Stadt schnell zum Erfolg führen. Viele traditionelle Unternehmen verlagern ihre Entwicklungsabteilungen bewusst in größere Städte. Durch die höhere Verfügbarkeit und Konkurrenz der Arbeitnehmer sind auch die Gehälter für solche Fachleute, zum Beispiel in Berlin, noch recht moderat. Außerdem kann es einen zusätzlichen positiven Effekt geben, wenn die Produktentwicklung im geschützten Raum fern der Firmenzentrale stattfindet: Die Teams dort können oft besonders unvoreingenommen, kreativ und innovativ arbeiten.

◆ Employer Branding

6.1.1 Deine Zielgruppe bestimmen: Die richtigen potenziellen Mitarbeiter ansprechen

Wie bei jedem erfolgreichen Marketing- und Vertriebsprozess, ist es auch beim Recruiting über den Talente-Funnel immens wichtig, sich zuallererst glasklar darüber zu werden, *wen* genau wir suchen und ansprechen möchten. Wie sieht das Profil deiner potenziellen Kandidaten aus? Welche Fähigkeiten und Erfahrungen soll die Person haben? Was sind absolute Must-Haves? Was sind Nice-to-Haves? Was sind absolute No-Gos? Wo bist du bereit, Kompromisse einzugehen? Nachdem die Hacks in diesem Abschnitt dir dabei geholfen haben, den exakten Avatar deines Wunschkandidaten kennenzulernen, wird es dir im nächsten Schritt viel leichter fallen, die richtige Ansprache und zielgruppenrelevante Kanäle zu identifizieren.

Für mich war es beispielsweise ein Augenöffner, als wir in unserem Start-up dazu übergegangen waren, nicht mehr nach den perfekt ausgelernten Senior-Software-Programmierern zu suchen, die unbedingt auf eine langjährige Erfahrung zurückblicken mussten. Wir haben festgestellt, dass es noch eine andere Zielgruppe gibt, die viel besser zu uns passte: Eher »junge, wilde« Programmierer, die eine lernhungrige und offene Einstellung mitbringen, die vielleicht noch nicht alle Erfahrungen ihres Fachs gemacht haben – die dafür aber bereit sind, viel bei uns zu lernen, sich persönlich und beruflich weiterzuentwickeln, die gleichzeitig motiviert sind, einiges zu geben, sich in unsere Unternehmenskultur zu integrieren und sie für die Zukunft mit formen. Mit diesen Menschen konnten wir viel besser ein eingeschworenes und schlagkräftiges Team von Experten im Rahmen einer einzigartigen Firmenkultur aufbauen und entwickeln – was schlussendlich einer unserer größten Erfolgsfaktoren war.

In diesem Abschnitt findest du Hacks der folgenden Kategorien:

🪶 Anforderungsprofil

🪶 Job Posting

🪶 Direktansprache

🪶 Employer Branding

#12 Suche nach Mitarbeitern in deiner eigenen Zielgruppe

Stelle Mitarbeiter ein, die selbst deine Zielgruppe abbilden und die deine Kunden sind oder sein könnten. Diese Personen wissen am besten, welche Bedürfnisse deine Zielgruppe hat, wie man euer Produkt weiterentwickeln muss, um die Nachfrage zu befriedigen und die Probleme der Zielgruppe zu lösen. Es ist wichtig, dass sich deine Mitarbeiter voll und ganz in eure Kunden hineinversetzen können.

🪶 Anforderungsprofil

#13 Setze auf Rohdiamanten statt auf Top-Experten

Denke darüber nach, ob wirklich ein absoluter Experte mit langjähriger Erfahrung eingestellt werden muss (der schwer zu finden und teuer ist) oder ob es auch ein juniorigerer, weniger erfahrener Kandidat, ein Absolvent oder sogar eine Werkstudentin sein darf. Also ein Rohdiamant, den du dir erst noch »zurechtschleifen« musst – der dafür aber schneller zu finden, günstiger und vielleicht sogar noch offener für deine Firmenkultur ist.

🖋 Anforderungsprofil

#14 Traue dich, wichtige Stellen mit Werkstudenten zu besetzen

Werkstudentinnen sind günstiger, meist hoch motiviert und du hast die Chance, langfristig loyale Mitarbeiter aufzubauen.

🖋 Anforderungsprofil

#15 Nutze das riesige Potenzial der passiv-jobsuchenden Kandidaten

Gute Leute sind weder arbeitslos noch aktiv auf Jobsuche. Sie haben eine feste Stelle und verbringen ihre Freizeit nicht damit, sich auf Stellenportalen durch Ausschreibungen zu wühlen. Sie sind aber offen dafür, sich finden zu lassen. Hierbei kann zum Beispiel unser Angebot *Talentmagnet*[8] durch Performance Recruiting eine große Hilfe sein.

🖋 Anforderungsprofil

#16 Setze auf freie Mitarbeiter – und kenne die Risiken

Oft ist es sinnvoller, kurzfristig auf freie Mitarbeiter zu setzen, als viel Zeit und Energie für die Suche nach festangestellten Experten aufzuwenden. Selbstständige sind meist leichter zu finden, schneller verfügbar und haben die Erfahrung, sich kurzfristig in komplexe Themen einzuarbeiten. Sie sind damit schnell wertstiftend für das Unternehmen. Natürlich geht das Engagieren von Freelancern auch mit Nachteilen einher. Der Stundensatz eines freien liegt weit über dem

---

[8] https://talentmagnet.io

Gehalt eines festen Mitarbeiters. Falls ein freier Mitarbeiter exklusiv für ein Unternehmen über längere Zeit tätig ist, droht Scheinselbstständigkeit. Außerdem sind Freelancer oft kein vollwertiges Teammitglied. Dies birgt das Risiko, dass sie sich nicht vollständig mit der Firma identifizieren. Auch kann wichtige Expertise nicht langfristig im Unternehmen verbleiben, wenn der freie Mitarbeiter das Unternehmen wieder verlässt. Im schlimmsten Fall wandert diese Expertise sogar mit seinem nächsten Job zur Konkurrenz.

⚡ Anforderungsprofil

#17 Hole freie Mitarbeiterinnen in die Festanstellung

Mache gute Freelancer nach einiger Zeit zu festen Mitarbeitern. Auch wenn Freelancer ihre Freiheit, Flexibilität und das hohe Einkommen zu schätzen wissen, ihnen sind die Vorteile einer Festanstellung durchaus bewusst: konstantes Einkommen, Fortzahlung bei Urlaub und Krankheit, Kündigungsschutz, günstigere Krankenversicherung, Mitversicherung der Familie, Rentenversicherung, Zuzahlungen zu Vorsorge und Kinderbetreuung, Erfolgsbeteiligungen und Boni. Neben diesen Fakten hast du es in der Hand, die Bereitschaft eines Freelancers zur Festanstellung zu erhöhen. Gib ihm von Anfang an das Gefühl, ein vollwertiges Teammitglied zu sein. Integriere ihn zu allen Team-Events, Firmenveranstaltungen und Mitarbeitermeetings. Führe Feedbackgespräche so durch, wie du es mit festen Mitarbeitern machst. Sorge dafür, dass niemand das Gefühl hat, der freie würde nicht voll dazugehören. Sorge dafür, dass er in den Räumen der Firma arbeitet. Schaffe eine emotionale Bindung zur Firma und zum Produkt, erhöhe die Integration ins Team und sorge psychologisch dafür, dass ihm ein Abschied schwerfällt. Wenn ihm dazu dein Führungsstil, der allgemeine Teamspirit und das Produkt deiner Firma gefallen, wird er mit dem Gedanken spielen, langfristig zu bleiben. Um die verbleibenden Vorteile der Selbstständigkeit zu minimieren, frage ihn direkt »Was ist dir wichtig im Job?« – und versuche, ihm seine Wünsche auch in der Festanstellung zu erfüllen. Wenn der Freelancer beispielsweise die Flexibilität genießt, in unterschiedlichen Projekten und Teams arbeiten zu können, um Abwechslung zu haben und sich fortzubilden, kannst du ihm möglicherweise eine 3-Tage-Woche in Festanstellung anbieten, während er zwei Tage pro Woche weiter selbstständig extern arbeitet. So hat er den zusätzlichen Vorteil, dass Kranken- und Sozialversicherungen von der Firma übernommen werden. Alternativ bietest du ihm an, interner Berater mit wechselnden Projekten zu werden.

⚡ Anforderungsprofil

#18 Baue Spezialisten inhouse auf

Wenn es sich schwierig gestaltet, für eine bestimmte Position einen Spezialisten mit mehrjähriger Berufserfahrung zu finden, ist es eine gute Strategie, einige Aufgaben davon zunächst mit Werkstudentenstellen abzudecken. So kann dein Unternehmen zukünftige Spezialisten inhouse aufbauen, wovon nicht nur du, sondern auch die Studentin profitiert. Hierbei ist es wichtig, dass du den studentischen Mitarbeiter langfristig an das Unternehmen bindest, damit er auch nach seinem Studium als Mitarbeiter erhalten bleibt.

◆ Anforderungsprofil

#19 Integriere das gesamte Team einer anderen Firma

Durch einen Aufkauf von Start-ups, Agenturen oder Firmen im Ausland kommst du an viele Talente auf einmal. Solch ein *Acqui-Hire* liefert dir ein eingespieltes Team, das bereits gut zusammenarbeitet. Die Investition in ein solches Team kann sich sehr lohnen, wenn du die Recruiting-Kosten gegenrechnest, die du fürs Hiring aller Mitarbeiter ausgeben würdest.

◆ Anforderungsprofil

#20 Biete ein *Senior-Trainee-Programm* an

Ältere Arbeitnehmer über 50 sind sehr wertvolle Mitarbeiter. Sie sind zuverlässig, haben die Familienplanung hinter sich, können erfahrene Mentoren sein und suchen oft nach neuen Herausforderungen. Manchmal sind sie allerdings nicht mehr auf dem neuesten Stand, was Prozesse, Tools und Technologien angeht. Mache einen Deal mit ihnen: Lerne sie 3–6 Monate in einem Senior-Trainee-Programm an. Während dieser Zeit ist ihr Gehalt geringer und beide Seiten profitieren. Danach können sie dann mit Vollgas in deiner Firma arbeiten.

◆ Anforderungsprofil

#21 Suche nach Leuten, die besser sind, als du selbst

Steve Jobs hat dazu gesagt: »*It doesn't make sense to hire smart people and tell them what to do; we hire smart people so they can tell us what to do.*«[9]

◆ Anforderungsprofil

#22 Nutze die 4 Profil-Fragen für volle Klarheit über Bewerber-Anforderungen

Beantworte dir selbst diese 4 Fragen, um perfekte Klarheit über das Kandidatenprofil für eine offene Stelle zu bekommen:
1. Vervollständige: »Ich brauche diese Person, damit ___«
2. Woran werde ich die Performance der Person messen können?
3. Welche Aufgaben muss die Person regelmäßig ausführen?
4. Welche Fähigkeiten soll die Person bereits mitbringen?

◆ Anforderungsprofil

#23 Formuliere deine Stellenausschreibung persönlich

Das Formulieren der Ausschreibung inklusive Aufgabenbeschreibungen, Anforderungen an die Bewerber sowie Infos zum Unternehmen und zusätzliche Goodies helfen bei der Selbstreflexion: Wen möchte ich einstellen? Welche Qualifikation soll derjenige mitbringen? Was sind seine zukünftigen Aufgaben? Was bietet mein Unternehmen über das Gehalt hinaus?

◆ Job Posting

#24 Erstelle einen Zielkandidaten-Avatar, der mehr als demografische Merkmale abdeckt

Dein Zielkandidaten-Avatar sollte unbedingt auch psychologische Bedürfnisse und Wünsche der Menschen berücksichtigen, die für deine Stelle infrage kommen. Ein weiterer Trick ist es, Insider-Sprache deines Zielkandidaten zu nutzen.

---

9 https://www.forbes.com/sites/victorlipman/2018/09/25/the-best-sentence-i-ever-read-about-managing-talent/

Im Avatar solltest du ebenfalls das wichtigste Berufsziel des Kandidaten und seine aktuellen beruflichen Herausforderungen und Probleme berücksichtigen. All diese Informationen werden später dein Spickzettel, zum Beispiel für die Erstellung einer erfolgreichen Kampagne oder eines Bewerber-Quizzes im Performance Recruiting.

⚡ Job Posting

#25 Hole Top-Experten aus dem Ausland

Oft sind Fachleute aus wirtschaftlich schwächeren Ländern bereit, für einen sicheren Arbeitsplatz und ein besseres Gehalt nach D-A-CH zu kommen. Ihre Ausbildung und Expertise kann dabei durchaus von derselben Qualität sein. Meist sind ihre Gehaltsvorstellungen noch recht moderat und ihre Arbeitsmoral ist sehr gut. Insbesondere Fachkräfte aus Osteuropa, Asien oder Südeuropa kommen hierfür infrage. Gerade für Unternehmen, deren Standort nicht in der beliebtesten Lage oder größten Stadt liegt, bietet das Anwerben aus dem Ausland eine gute Chance. Viele Experten aus wirtschaftlich schwächeren Regionen sind der Meinung »Hauptsache nach D-A-CH, ganz egal wohin«.

⚡ Direktansprache

#26 Eröffne einen Standort im Ausland im Coworking Space

Gerade in südeuropäischen Ländern wie Spanien oder Portugal finden junge, gut ausgebildete Fachleute nach ihrer Ausbildung oft nur schwer einen Job. Viele IT-Unternehmen haben beispielsweise gute Erfahrungen damit gemacht, ein Büro in Barcelona oder Lissabon zu eröffnen, wo es eine immer dynamischer wachsende Technologieszene gibt. Ähnliches gilt für osteuropäische Länder. Auch hier befinden sich viele sehr gut ausgebildete Tech-Experten, Programmierer und Kreativagenturen, die hohe Qualität zum geringen Preis bieten, zum Beispiel in Polen, Rumänien, der Ukraine oder dem Baltikum. In Zeiten von ausgefeilten Projektmanagement-Tools, Kommunikations-Programmen und Cloud-Diensten zum Remote-Arbeiten wie der Google for Business Suite, Slack, Jira oder Trello, stellt es keine größere Herausforderung mehr da, wenn Produktionsteams nicht täglich gemeinsam vor Ort am Hauptsitz arbeiten. Ein Coworking Space vor Ort bietet eine einfache und günstige Möglichkeit, dort schnell einen weiteren Standort zu eröffnen.

⚡ Employer Branding

#27 Hole Testimonials von neuen Mitarbeitern 2 Wochen nach Start

Ehrliche Testimonials aktueller Mitarbeiter sind die wirksamsten Mittel, um Top-Leute für dein Team zu begeistern. Gerade neue Mitarbeiter sind besonders motiviert, ihre positiven Eindrücke der ersten Tage zu teilen. Sie geben besonders herzliche Testimonials ab. Mache es zum Standardprozess, von neuen Mitarbeitern, die seit zwei Wochen zum Team gehören, ein kurzes Video für eure Karriereseite, Social-Media-Kanäle oder Performance-Recruiting-Kampagnen einzuholen.

🖊 Employer Branding

6.1.2 Deine Zielgruppe über die richtigen Kanäle ansprechen

Sobald du dir im Klaren darüber bist, welche Personen du genau ansprechen möchtest, geht es darum, die besten Kanäle und Arten der Ansprache zu wählen. Die Hacks dieses Abschnitts geben dir dafür Anregungen, Inspirationen und Strategien aus der Praxis an die Hand. Mein Tipp: Starte schlank, fokussiere dich zunächst einmal auf einige wenige Kanäle, teste deren Effektivität und verbessere deine Ansprache, deine Botschaften und die Wahl deiner Kanäle dann iterativ Schritt für Schritt.

Einige Dinge, wie zum Beispiel die Kontrolle darüber zu behalten, welche Informationen und Bewertungen potenzielle Kandidaten über dein Unternehmen auf den Online-Portalen zur Arbeitgeberbewertung Kununu und Co. finden, sind ein absolutes Muss. Hier habe ich ehrlich gesagt nur wenig Verständnis für Firmen, die durchgehend schlechte Bewertungen im Netz auf sich sitzen lassen – denn diese sind eine Garantie dafür, dass die besten Leute nicht in ihrer Firma anfangen werden, zu arbeiten.

Wenn ich die Zeit noch einmal zurückdrehen könnte, würde ich in unserem Start-up *Familonet* viel stärker auf eine Ansprache von guten Leuten über Online-Content setzen. Unseren Firmenblog haben wir damals nur sehr stiefmütterlich behandelt und nicht wirklich dafür genutzt, gute Kandidaten anzuziehen. Von Zeit zu Zeit hat mein Mitgründer David einen Fachartikel auf der Plattform *Medium* veröffentlicht, der Software-Entwickler als Zielgruppe hatte. Wir haben dann auch immer direkt danach einen Anstieg der Experten-Interessenten für unsere Firma festgestellt – wir haben diese Recruiting-Strategie jedoch nie konsequent verfolgt.

Heute weiß ich durch meine *Machen!*-Online-Medien, wie mächtig hochqualitativer und wertvoller Content ist, um Menschen aus einer bestimmten Zielgruppe mit vergleichsweise überschaubarem Aufwand anzusprechen und in den Funnel zu ziehen. Mit Kanälen und Medien wie einem Blog, einem Podcast, YouTube oder Medium sowie organischen oder bezahlten Social-Media-Kanälen wird es uns sehr leicht gemacht, schnell gute Kandidaten auf uns aufmerksam zu machen und sie für unser Unternehmen zu begeistern.

Eine einfache Methode, um regelmäßig durch guten Content passende Mitarbeiter sowie kaufkräftige Kunden »anzuziehen«, ohne permanent neuen Content produzieren zu müssen, ist das von mir entwickelte und mittlerweile in allen meinen Firmen genutzte Performance Content System. Unter folgendem Link habe ich ein Kurzvideo-Training für dich erstellt, das dir kostenfrei zeigt, wie du solch ein Content System auch für dein Unternehmen nachbauen kannst: www.contentsystem.io

In diesem Abschnitt findest du Hacks der folgenden Kategorien:

- Employer Branding
- Networking
- Direktansprache
- Job Posting
- Social Recruiting

#28 Nutze Mikroinfluencer für dein Employer Branding

Suche bei Instagram, Twitter, LinkedIn und TikTok nach Personen, die zwischen 300 und 5.000 Follower haben und thematisch zu deiner Firma oder eurem Produkt passen. Ihre Branding-Power ist vergleichsweise hoch. Oft kannst du sie sogar kostenlos oder gegen eine kleine Aufmerksamkeit dafür begeistern, etwas über dein Unternehmen oder Produkt zu posten. Schicke ihnen Produktproben, coole Videos oder eine Einladung zu exklusiven Events.

- Employer Branding

🎧 Um beim *Machen! Podcast 127* mit Alina Ludwig, Expertin für Influencer-Marketing[10], zu landen, scanne bitte das Bild mit deiner App *smARt Haufe*.

---

10 https://machen.fm/127

#29 Habe die Kontrolle darüber, was mögliche Bewerber über deine Firma im Netz finden

Sobald jemand nach deinem Unternehmen googelt, solltest du über viel mehr Kanäle für ein gutes Image sorgen als nur über die Firmenwebsite. Hierfür bieten ein Unternehmensblog sowie ein YouTube Channel gute Grundlagen. Über beide Kanäle kannst du in regelmäßigen Abständen Artikel und Videos veröffentlichen und damit für Transparenz nach außen sorgen.

🖋 Employer Branding

#30 Platziere Content in Massenmedien

Der Name deines Unternehmens sollte nicht nur in Fachmedien, sondern auch in Massenmedien auftauchen. Dies funktioniert besonders gut bei B2C-Marken. Aber selbst B2B-Unternehmen finden ihren Weg in die Köpfe der breiten Masse:

Menschen bevorzugen es, bei einer Firma zu arbeiten, »die man kennt«. Um in Massenmedien genannt zu werden, eignen sich beispielsweise Studien, Infografiken, interessante Stories und Fun Facts, die von deiner Firma veröffentlicht wurden.

Die Preissuchmaschine Spottster hat einmal eine spannende Studie zu den günstigsten Wochentagen für Flugbuchungen gemacht. Pro7 Galileo hat darüber berichtet. Hast du bereits Daten oder kannst du mit deinem Produkt Informationen sammeln und massentauglich aufbereiten? Biete den Content exklusiv dem für dich interessantesten Medium an.

⚡ Employer Branding

#31 Veröffentliche Content auch auf Englisch

Wenn du auch ausländische Fachleute ansprechen möchtest, ist es sinnvoll, zumindest manche deiner Beiträge, Videos, Blogartikel und Social-Media-Kanäle auf Englisch zu veröffentlichen. Übrigens: Mit einem Performance Content System kannst du – bzw. dein Marketing-Team – schnell und einfach hochqualitativen Content auch in mehreren Sprachen erstellen und damit täglich die richtigen Leute zu euch anziehen. Wie du solch ein Content System für euch aufbauen kannst, zeige ich dir im kostenfreien Kurzvideo-Training unter folgendem Link: www.contentsystem.io

⚡ Employer Branding

#32 Starte einen *VLOG*

Auch auf YouTube kannst du regelmäßig kurze Videos aus deiner Firma teilen. Stelle zum Beispiel Mitarbeiter bei ihrer täglichen Arbeit vor, zeige die Entstehung deiner Produkte oder mache eine Führung durch das Unternehmen. Dabei kommt es nicht darauf an, dass die Videos hochwertig produziert sind. Viel wichtiger ist es, dass sie authentisch und realistisch daherkommen, um nicht als Hochglanz-Promovideos abgestempelt zu werden. Vielleicht findet sich ja eine Mitarbeiterin, die Spaß daran hat, regelmäßig für die Produktion der Videos zu sorgen und hier als unternehmensinterne YouTube-Bloggerin das Gesicht des Channels zu werden?

⚡ Employer Branding

#33 Veröffentliche Gastbeiträge in externen Medien

Zu jeder Branche gibt es reichweitenstarke Blogs, sowohl spezialisiert auf Experten als auch populär für die breite Masse. Fachleute und Branchen-Insider wollen up to date über neueste Entwicklungen, Tools und Technologien in ihrer Industrie bleiben und konsumieren regelmäßig diese Medien. Das ist deine Chance, durch Beiträge von dir oder deinen Mitarbeitern auf solchen Plattformen für Bekanntheit, Vertrauen sowie ein positives Image in der Branche und bei potenziellen zukünftigen Mitarbeitern zu sorgen. Außerdem helfen dir solche Artikel im Netz, wenn sich interessierte Bewerber über dein Unternehmen erkundigen.

✦ Employer Branding

#34 Überzeuge Talente bereits in der Ausbildung

Es ist ein lohnendes Investment, aktiv in Unis oder andere Ausbildungsstätten zu gehen und dort die zukünftigen Experten frühzeitig mit deiner Firma in Berührung zu bringen. In vielen Studiengängen, insbesondere in Wirtschafts- oder Ingenieurwissenschaften, gibt es regelmäßig Gastvorträge von Firmenvertretern aus der Praxis. Kontaktiere Professoren solcher Studiengänge und biete an, deine Praxiserfahrung zu bestimmten Themen mit den Studierenden zu teilen. Dies ist eine wunderbare Möglichkeit, während einer solchen Gastvorlesung dein Unternehmen kurz vorzustellen sowie auf offene Stellen für Absolventen, Werkstudenten oder Praktikanten hinzuweisen und deine Kontaktdaten zu streuen.

✦ Employer Branding

#35 Biete Praxisprojekte und Abschlussarbeiten für Studierende an

Insbesondere an Fachhochschulen und privaten Universitäten werden ganze Semester-Veranstaltungen als Praxisprojekt gemeinsam mit Unternehmen angeboten. Hierbei erarbeitet eine Gruppe von Studierenden ein von deiner Firma gewünschtes Thema. Du begleitest die Gruppe während des Semesters, stellst Material zur Verfügung und stehst mit Rat und Tat zur Seite. Hierbei profitierst du nicht nur vom direkten Kontakt zu den zukünftigen Experten, sondern kannst auch kostenfrei ein für deine Firma relevantes Thema erarbeiten und evtl. sogar in die Tat umsetzen lassen. Gleiches gilt, wenn du Abschlussarbeiten von Studenten als Firma betreust. Hierbei bekommt die Studentin bereits einen sehr tiefen Einblick in dein Unternehmen, lernt das Team sowie das Produkt kennen, während du von ihrer Ausarbeitung profitierst. Die Chancen stehen gut, nach Abschluss des Studiums, die Studierenden für eine Stelle in deiner Firma zu gewinnen.

✦ Employer Branding

#36 Platziere Statistiken auf Wikipedia und Statista

Veröffentliche Daten, Studien und Infografiken auch auf eurer Website oder eurem Blog. Füge sie dann in einen passenden Wikipedia Artikel sowie bei Statista ein. Dein Unternehmen wird dadurch mit der Zeit in immer mehr Publikationen und Medien als Quelle genannt sein. Das sorgt nicht nur für Interesse von potenziellen Kunden und Partnern, sondern auch von Experten, Fachleuten und Jobinteressenten aus deiner Branche.

⚡ Employer Branding

#37 Nutze persönliche Sprachnachrichten auf Instagram

Wenn dich ein Kunde, Kandidat oder eine Mikroinfluencerin auf Instagram erwähnt und getaggt hat, bedanke dich mit einer Sprachnachricht. Die Leute werden sich über die persönliche Nachricht freuen und du baust eine nachhaltige Beziehung auf.

⚡ Employer Branding

#38 Sprich kreative Experten durch eine Spotify-Playlist an

Gerade kreative Köpfe hören oft während der Arbeit Musik und suchen bei Spotify nach inspirierenden Playlists. Erstelle dort Playlists mit dem Jobtitel und deiner Firma im Namen, beispielsweise *»Beats for Designers by Adidas«*. So finden dich Kandidaten organisch. Außerdem kannst du die Playlist auch als kleines »Geschenk« per Link versenden, wenn du Kandidaten direkt ansprichst. Spotify bietet Unternehmen auch die Möglichkeit, populäre Playlists als Partner zu sponsern.

⚡ Employer Branding

#39 Nutze Sponsoring für lokales Employer Branding

Klingt etwas altbacken, wirkt aber immer noch: Wenn sie sich insbesondere in einer bestimmten Stadt einen Namen als guter Arbeitgeber machen wollen, machen viele Unternehmen brillante Erfahrungen mit lokalen Sponsorings. Gut geeignet sind zum Beispiel der lokale Sportverein oder die öffentlichen Straßenbahnen oder Busse. Der Fokus deiner Kommunikation sollte hier nicht auf deinem Produkt, sondern auf dem Recruiting liegen.

✦ Employer Branding

#40 Lasse dich von Blogs und Videos anderer Unternehmen inspirieren

Schaue dich zur Inspiration auf Medium und YouTube um, um ein Gefühl dafür zu bekommen, wie man ansprechende, leicht konsumierbare, aber dennoch fachlich hochwertige Text- und Videoblogs gestaltet. Übernimm, was dich bei anderen Firmen und Wettbewerbern anspricht, und verbessere, was dir dort nicht gefällt oder fehlt.

✦ Employer Branding

#41 Biete Betreibern von Branchen-Blogs einen Win-win-Deal an

Biete Betreiberinnen von Branchen-Blogs an, Fachartikel als Gastbeiträge zur Verfügung zu stellen. Diese Beiträge sollten wertvollen und an das Medium angepassten Fachcontent enthalten und kein reiner Werbetext für dein Unternehmen sein. Betreiberinnen solcher Plattformen sind in der Regel sehr offen dafür, Gastbeiträge von Fachleuten aus der Industrie zu veröffentlichen, denn sie verzeichnen dadurch selbst einen Vertrauens-, Qualitäts- und Leserzugewinn. Biete einen Deal an: Zum Beispiel, dass du den Artikel auf deiner Firmenweb- oder Facebook-Seite veröffentlichst oder dass du den Artikel in deinem nächsten Newsletter verlinkst. Sorge dafür, dass sich eine Win-win-Situation einstellt und du regelmäßig Gastbeiträge in Fachmedien veröffentlichst.

✦ Employer Branding

#42 Habe Online-Bewertungen für dein Unternehmen im Griff

Die Außenwahrnehmung deiner Firma steht und fällt mit Bewertungen im Internet. Nicht nur Kunden informieren sich über deine Firma online, sondern auch Job-Interessenten. Dabei spielen die Bewertungen für dein Produkt auf Facebook, Google, Foursquare oder Branchen-Plattformen wie Trusted Shops oder Jameda eine wichtige Rolle. Außerdem sind Erfahrungsberichte von ehemaligen und aktuellen Mitarbeitern auf Plattformen zur Arbeitgeberbewertung wie Kununu oder Glassdoor kritisch für deinen Recruiting-Erfolg. Sorge dafür, dass dein

Unternehmen auf allen Kanälen glänzt. Gute Bewertungen für dein Produkt und deinen Service implizieren, dass in deiner Firma gute Leute auf hohem Qualitätslevel miteinander arbeiten, was anziehend auf Top-Leute wirkt. Nichts schreckt die besten Talente mehr ab, als schlechte Bewertungen im Netz!

✦ Employer Branding

#43 Motiviere Kunden dazu, positive Bewertungen zu hinterlassen

Motiviere Kunden dazu, positive Online-Bewertungen über dein Produkt, deine Firma, deinen Service oder deine Mitarbeiter zu hinterlassen. Ladengeschäfte und Restaurants sollten bei Google Maps, Foursquare und Facebook gut bewertet sein. Ein Hotel sollte bei Booking.com, TripAdvisor und Google Maps ein Top-Bild abgeben. Konsumartikel sollten in Shops wie Amazon und eBay gut bewertet sein. Eine Smartphone-App sollte mit 5 Sternen im App Store glänzen und die Arztpraxis bei Jameda. Da überproportional viele unzufriedene Kunden ihren Dampf online ablassen, motiviere unbedingt auch zufriedene Kunden dazu, Bewertungen für dich zu hinterlassen. Sprich diese aktiv an und schicke ihnen Mails mit einem Link zu einem Bewertungsformular, nachdem dein Produkt gekauft wurde. Verspreche Kunden, die dich bewerten, kleine Goodies, eine Überraschung oder einen Rabatt.

✦ Employer Branding

#44 Lerne die besten Leute auf Meetups und Experten-Events kennen

Über Online-Plattformen wie Meetup.com verabreden sich Experten zu informellen, regelmäßigen After-Work-Treffen, um sich über die neuesten Technologien und Tools auszutauschen. In der Regel finden solche Treffen abends statt und jeder ist eingeladen, sich über die Plattform für das Treffen zu registrieren und teilzunehmen.

✦ Networking

#45 Schicke Kollegen vom Fach zum Meetup

Wenn du selbst zum Beispiel nicht bewandert in der Programmierung mit Java bist, solltest du es vermeiden, bei einem Java-Meetup aufzutauchen. Viel klüger ist es, eine engagierte Java-Entwicklerin deines Teams oder deinen CTO dazu zu motivieren, regelmäßig dieses Meetup zu besuchen und die anderen Teilnehmer langsam aber sicher kennenzulernen. Sie können dort Vorträge über Technologie-Themen halten, die anderen Teilnehmer auf dein Unternehmen aufmerksam machen und so auf eine unaufdringliche Art und Weise auf offene Positionen hinweisen.

🖋 Networking

#46 Profitiere vom Netzwerk der Kandidaten, die dir absagen

Wenn dir ein guter Kandidat während des Bewerbungsprozesses absagt, profitiere von seiner Reziprozität: Nutze ihn als Empfehlungsgeber. Frage ihn nach Empfehlungen zu anderen Leuten in seinem Netzwerk, die stattdessen auf die Stelle passen könnten. Gute Leute kennen gute Leute!

🖋 Networking

#47 Veranstalte Meetups in deiner Firma

Biete deine Unternehmensräume als Veranstaltungsort für Meetups oder Konferenzen an. Du wirst dich wundern über das verrückte Gefühl, wenn plötzlich die Experten bei dir Schlange stehen und einer nach dem anderen durch deine Unternehmenspforten schreitet. Jetzt heißt es nur noch, den einen oder anderen davon langsam aber sicher für deine Firma zu begeistern und zu gewinnen.

🖋 Networking

#48 Nutze immer und überall dein Recruiting-Notizbuch

Als Leader solltest du rund um die Uhr im Recruiting-Modus sein. Habe stets ein Notizbuch bei dir, in dem du dir jede Person notierst, die du kennengelernt hast und die vielleicht mal irgendwann ein potenzieller Mitarbeiter von dir sein könnte. Pflege regelmäßigen kurzen Kontakt mit den in deinem Notizbuch verzeichneten Personen, zum Beispiel per WhatsApp. Sobald eine passende Stelle offen ist, kannst du sie aktiv darauf hinweisen.

🖋 Networking

🎧 Damit du den *Machen! Podcast 62* mit Fredrik Harkort, Gründer & CEO von Bodychange[11], hören kannst, scanne das Bild mit deiner App *smARt Haufe*.

---
11 https://machen.fm/62

#49 Zeige den Menschen aus deinem Netzwerk attraktive Eyecatcher, damit sie dir Kandidatinnen vorzustellen

Wenn du durch deinen LinkedIn-Feed scrollst und plötzlich ein Foto vom wunderschönen Malediven-Strand siehst, bleibt dein Blick daran hängen. Wenn du dann in diesem Post auch noch liest, dass jemand dir einen Malediven-Urlaub spendiert, sofern du ihm eine Kandidatin aus deinem Netzwerk für seine offene Stelle vorstellst, die eingestellt wird – voilà!

✦ Networking

#50 Triff die Experten-Elite auf Festivals statt auf Messen

Die Technologie-Elite trifft sich heutzutage nicht mehr auf der Cebit, sondern auf Festivals wie dem Web Summit in Lissabon oder beim Online Marketing Rockstars Festival im Hamburger Schanzenviertel, allesamt inspiriert vom South by Southwest Festival in Austin. Hacker und Programmier-Nerds pilgern zum Chaos Communication Congress, wo man sich über mehrere Tage den neuesten Software- und Internettechnologien sowie deren gesellschaftspolitischen Implikationen widmet. All diese Events haben gemein, dass es hierbei nicht ausschließlich ums Geschäftemachen geht, sondern vielmehr um den technologischen Austausch sowie gemeinsames Diskutieren und Feiern.

✦ Networking

#51 Nutze Festival-Apps, um dich mit Experten zu verabreden

Oftmals bieten Experten-Festivals eine eigene App, über die man sich mit anderen Teilnehmern, die interessant für dich sind, ganz einfach verabreden kann. Mache Gebrauch von dieser Chance.

✦ Networking

#52 Veranstalte regelmäßig *das* Firmenfest für die Experten deiner Branche

Rauschende Firmenfeste, zu denen du Vertreter deiner Branche sowie alle Experten und Fachleute, die du jemals kennengelernt hast, einlädst, wirken Wunder. Lasse dich dein halböffentliches Firmenfest – zum Beispiel jährlich zum Jubiläum – ruhig etwas kosten und mache es in der Szene zu einer Kult-Institution. Die Kosten hierfür solltest du als Investition für Recruiting und Branding verstehen. Sie wird sich dir mehrfach zurückzahlen – nicht zuletzt, weil gute Leute auf deine Firma aufmerksam werden und ihr Name sich in der Szene herumspricht.

✦ Networking

#53 Wähle den richtigen Kanal zur kalten Kontaktaufnahme mit guten Leuten

Während Nachrichten an Experten aus dem kaufmännischen Bereich LinkedIn oder Xing noch recht gut funktionieren, gehen sie bei Menschen mit technischem Hintergrund meist in der Masse unter und haben keinen besonderen Charme. Es kommt darauf an, Kandidaten über solche Medien zu kontaktieren, die sie selbst gerne nutzen – das bringt dir umgehend Sympathiepunkte ein. Nutze also auch Plattformen, wie Dribble für digitale Designer und Kreative, TikTok für Marketers oder Twitter sowie Discord für IT- und Software-Techies.

✦ Direktansprache

#54 Sei kreativ in der kalten Ansprache von guten Kandidaten

Schaue zum Beispiel nach, ob die von dir präferierte Kandidatin auf Twitter aktiv ist. Sende ihr hier eine kurze, knackige persönliche Nachricht oder erwähne sie sogar in einem öffentlichen Tweet – zum Beispiel, wenn sie zuvor bereits über ein branchen- oder unternehmensrelevantes Thema getwittert hat.

➤ Direktansprache

#55 Wähle den richtigen Zeitpunkt der kalten Ansprache

Wähle den Zeitpunkt so, dass die Person deine Message am frühen Morgen liest. Die meisten Menschen checken morgens nach dem Aufwachen im Bett zunächst einmal die Notifications auf ihrem Handy. Später am Tag droht deine Message im Eifer des Alltagsgefechts unterzugehen oder vergessen zu werden.

➤ Direktansprache

#56 Nimm auf eine kluge Weise über LinkedIn Kontakt auf

Suche die Zielperson, die du gerne als Mitarbeiter gewinnen würdest, bei LinkedIn und sende ihr eine Freundschaftsanfrage inklusive einer kurzen Nachricht. Das funktioniert deutlich besser, als eine E-Mail-Nachricht, wenn du ein fremder Kontakt für die Person bist.

➤ Direktansprache

#57 Nimm auf kluge Art über Instagram Kontakt auf

Auf Instagram kannst du, ähnlich wie bei Twitter, eine private Nachricht versenden. Noch mehr Aufmerksamkeit ziehst du auf dich, wenn du mit deinem oder dem Instagram-Profil deiner Firma einen Post des Kandidaten kommentierst und dies mit einer privaten Nachricht kombinierst.

➤ Direktansprache

#58 Vergiss nicht E-Mail und Telefon zur kalten Kontaktaufnahme

Google ganz einfach mal den Namen der Person deines Verlangens. Es ist erstaunlich, von wie vielen Menschen man irgendwo im Netz die E-Mail-Adresse oder sogar Telefonnummer findet. Dies ist dem Betroffenen oft gar nicht bewusst – und für dich ist es eine tolle Chance! Erkundige dich am besten vorher über die rechtlichen Rahmenbedingungen für diese Art der Kontaktaufnahme.

🖋 Direktansprache

#59 Nutze LinkedIn statt Xing für MINT-Kandidaten

LinkedIn hat sich erfahrungsgemäß als erfolgreicher in der Response Rate herausgestellt als Xing. Außerdem kannst du über das internationale LinkedIn auch ausländische Fachleute erreichen, was beim deutschen Xing oft nicht möglich ist.

🖋 Direktansprache

#60 Sprich aktiv Mitarbeiter von Unternehmen an, die wirtschaftliche Probleme haben

Erkundige dich, welche Firmen in deiner Region wirtschaftliche Schwierigkeiten haben. Mitarbeiter solcher Unternehmen tragen oftmals eine signifikant höhere Wechselwahrscheinlichkeit in sich. Sprich sie aktiv an.

🖋 Direktansprache

#61 Nutze die privaten Webseiten von Software-Programmierern

Viele Software-Entwickler haben private Websites. Suche nach passenden Begriffen bei Google. Oft geben Entwickler auf ihrer Webseite ihre E-Mail-Adresse an, worüber du sie kontaktieren kannst. Sei in der Ansprache möglichst konkret, was dein Projekt angeht und erkläre, warum gerade diese Person gut passen könnte.

🖋 Direktansprache

#62 Die kalte Kontaktaufnahme mit einer Top-Kandidatin ist Chefsache

Die besten Leute erhalten nahezu täglich Nachrichten von Headhuntern, Personalvermittlern und Recruitern auf Xing und LinkedIn. Da sticht es positiv heraus, wenn sich der Gründer, Inhaber oder Geschäftsführer eines Unternehmens höchstpersönlich meldet.

🖋 Direktansprache

#63 Wähle die richtige Ansprache bei der Kontaktaufnahme über Social Media

Halte dich kurz, kreativ, nutze Emojis und versuche gleich, dich auf einen Kaffee oder ein Telefonat zu verabreden – niemand möchte einen bis ins Letzte ausformulierten Roman per Social Messenger erhalten.

⚡ Direktansprache

#64 Nutze LinkedIn und Videotelefonate zum Cold Sourcing von Ausländern

Active Sourcing von Ausländern funktioniert besonders gut über LinkedIn. Xing nutzt außerhalb Deutschlands so gut wie niemand. Wenn du geeignete Kandidaten über LinkedIn anschreibst und eine Position in Deutschland in Aussicht stellst, bestehen gute Chancen, eine Antwort zu erhalten und tiefer ins Gespräch zu kommen. Für ein erstes Kennenlernen ist ein Zoom- oder Teams-Videotelefonat gut geeignet.

⚡ Direktansprache

#65 Nutze die unbekannte LinkedIn-Funktion

Nutze bei LinkedIn die Funktion der Videonachricht, um Kontakt mit einer Person aufzunehmen. Viele Menschen bekommen täglich einige Nachrichten auf LinkedIn. Videonachrichten auf LinkedIn sind hingegen noch recht unbekannt. Das ist deine Chance aufzufallen und eine persönliche Ansprache zu wählen!

⚡ Direktansprache

#66 Lasse die richtigen Leute mit Kandidaten sprechen

Manchmal ist es sinnvoll, dass sich bei bestimmten Fachleuten nicht der Geschäftsführer meldet, sondern die entsprechende Fachbereichsleiterin. Ein Software-Entwickler fühlt sich zum Beispiel oft wohler und besser verstanden, wenn er mit dem CTO, statt mit dem CEO spricht.

⚡ Direktansprache

#67 Nutze die *Kontaktumlastung*, damit Kandidaten dir antworten

Erkläre, du hättest die Person »wärmstens empfohlen bekommen«, um ihr Interesse und ihren Anreiz zu erhöhen, dir zu antworten.

➤ Direktansprache

#68 Nutze das Netzwerk deiner Zielkandidatin

Verbinde dich zunächst mit einigen Leuten aus dem Netzwerk deines Wunschkandidaten bei LinkedIn und Xing, damit ihr bereits gemeinsame Kontakte habt, sobald du die Person ansprichst.

➤ Direktansprache

#69 Akquiriere Kandidaten genauso wie Kunden

Wenn du potenzielle zukünftige Mitarbeiter wie Kunden betrachtest, wirst du sie auch so behandeln – bereits bei der initialen Ansprache. Welche sind die erfolgreichsten Strategien deiner Marketing- und Vertriebsteams, um neue Kunden zu generieren? Diese lassen sich ebenso auf die Zielgruppe »Kandidaten und Bewerber« übertragen.

➤ Direktansprache

#70 Nutze LinkedIn und Xing klug, um gute Kandidaten kennenzulernen

Falle bei der Direktansprache potenzieller Kandidaten bei LinkedIn, Xing und Co. nicht mit der Tür ins Haus, sondern frage: »Wie könnte ich jemanden passenden für diese Stelle kennenlernen? Hast du eine Idee oder kennst jemanden?« Damit profitierst du zusätzlich vom Netzwerk guter Leute, sogar wenn sie selbst nicht infrage kommen. Gute Leute kennen andere gute Leute!

➤ Direktansprache

#71 Nutze spezialisierte Plattformen für deine Branche statt der großen Massenplattfomen

Stepstone, *Indeed* oder *Monster* lassen sich das Schalten einer Anzeige fürstlich bezahlen. Gleichzeitig sind hier die Streuverluste oft groß. Sinnvoller ist es, eine Stellenanzeige explizit dort zu schalten, wo sich solche Menschen herumtreiben, nach denen du suchst. Softwareentwickler sind beispielsweise auf *Stackoverflow* unterwegs und Designer auf *Dribbble*.

🔖 Job Posting

#72 Nutze die lokalen Stellenportale der Unis statt der großen Massenportale, um mit Werkstudenten in Kontakt zu kommen

Alle Universitäten und Fachhochschulen bieten Internetplattformen an, wo Unternehmen ihre Stellenausschreibungen veröffentlichen können, zum Beispiel auf stellenwerk.de oder www.s-a.uni-muenchen.de.

🔖 Job Posting

#73 Nutze dein eigenes Produkt zur Kommunikation von offenen Stellen

Denke einmal darüber nach, wie du potenzielle Bewerber auf innovativen Wegen neugierig auf dein Unternehmen machen kannst. Besonders vielversprechend ist es, wenn du Leute ansprichst, die selbst bereits Nutzer deines Produktes sind. Wie kannst du in oder um dein Produkt herum Botschaften an kluge Köpfe senden, damit sie sich mit offenen Stellen deiner Firma auseinandersetzen? Deiner Kreativität sind hier keine Grenzen gesetzt!

🔖 Job Posting

#74 Lasse deine Stellenangebote ganz oben bei Google erscheinen

Optimiere deine Stellenangebote für *Google For Jobs*: 80 bis 70 % aller Jobsuchenden googeln nach Stellenangeboten. In Kombination mit Google For Jobs ist das deine Chance. Wenn jemand nach einer Stelle bei Google sucht, hebt Google ganz oben drei relevante Stellenanzeigen hervor. Dein Ziel: Hier erscheinen! Google For Jobs ist damit stärker und erhält mehr Aufmerksamkeit als die klassischen Online-Stellenportale. Damit deine Stellenanzeige bei Google oben erscheint, muss dein Job Posting auf deiner Webseite so aufbereitet sein, dass es dem Structured Data Schema[12] entspricht. Dazu gehören z. B. das Firmenlogo, der Ort, die Stellenbezeichnung, die Höhe des Gehalts. Gib unbedingt alle Datenpunkte an, damit Google dein Job Posting prominent listet. Informiere Google über die Search Console, wenn es eine neue Stellenausschreibung auf deiner Seite gibt. Formuliere deine Stellenanzeigen zudem mit einem SEO-Ansatz, um ein besseres Ranking zu erreichen. Arbeite mit Keywords bei der Jobbeschreibung, den Verantwortlichkeiten und den notwendigen Qualifikationen. Wähle außerdem eine aussagekräftige URL.

✦ Job Posting

🎧 Inzwischen weißt du ja, wie es funktioniert: Scanne einfach das Bild mit deiner App *smARt Haufe*, dann landest du beim *Machen! Podcast 51*[13].

#75 Finde Werkstudenten und Praktikanten auf kluge Weise über ihre Kommilitonen

Nutze die Kraft der Empfehlung. Strategie 1: Suche nach Facebook-Gruppen wie zum Beispiel »BWL Bachelor Uni Hamburg«, schreibe die Admins der Gruppe an und bitte sie, dein Stellenangebot in der Gruppe zu posten.

---

12 https://schema.org/JobPosting
13 https://machen.fm/51

Strategie 2: Suche bei LinkedIn zum Beispiel nach »*Werkstudent Hamburg*« und schreibe die gelisteten Studierenden mit der Bitte an, den Link zu deinem Stellenangebot mit ihren Kommilitonen zu teilen, für die solch ein Nebenjob spannend sein könnte.

⚡ Job Posting

#76 Mache regelmäßige Recruiting-Lunches mit deinen Mitarbeitern

Lade in regelmäßigen Abständen jede Mitarbeiterin einzeln zum Recruiting Lunch ein, bei dem du mit ihr eure aktuell offenen Stellen durchgehst. Überlegt dann gemeinsam, wer aus ihrem Netzwerk, frühere Kollegen oder Bekannte, dazu passen könnte und wen sie dir vorstellen sollte. Die Regel lautet: Gute Leute kennen gute Leute.

⚡ Job Posting

#77 Untertreibe mit den Anforderungen in deinem Stellenangebot

Ein hoher Anspruch in deiner Stellenausschreibung wirkt abschreckend für potenzielle Kandidaten. Bei einem geringeren Anspruch steigt deine Chance, dass sich Rohdiamanten als Kandidaten bewerben. Denke daran: Es muss nicht immer der Senior sein – insbesondere, wenn es schon einen oder mehrere seniorige Alphatiere im Team gibt.

⚡ Job Posting

#78 Hebe deine Stellenausschreibung ab vom Standardschema

Zeige zum Beispiel ein Bild vom Produkt oder vom Team und hinterlege einen Link zum Unternehmensvideo, YouTube-Kanal oder zur Facebook-Seite. Eine kreative Ausschreibung kann auch in Form eines imaginären persönlichen Briefes des Firmengründers an den neuen Mitarbeiter gehalten sein.

⚡ Job Posting

#79 Nutze Stellenausschreibungen von Wettbewerbern als Inspiration

Überlege, was du an Stellenausschreibungen von Wettbewerbern verbessern würdest und hebe so deine eigenen vom Wettbewerb ab. Versetze dich in die Lage potenzieller Bewerber: Was wird ihnen im Job wichtig sein?

🖋 Job Posting

#80 Hole dir Inspiration für deine Stellenausschreibung von deinen Mitarbeitern

Frage deine aktuellen Mitarbeiter, was ihnen besonders gut in deinem Unternehmen gefällt und nimm diese wertvollen Argumente in deine Ausschreibungen auf.

🖋 Job Posting

#81 Halte Stellenausschreibungen kurz

Eine Stellenausschreibung sollte nur eine DIN A4 Seiten umfassen und auf der Firmenwebsite als PDF zum Download verfügbar sein.

🖋 Job Posting

#82 Veröffentliche Ausschreibungen für Studenten am Anfang oder Ende eines Semesters

Genau dann sind die meisten Studentinnen auf Nebenjobsuche.

🖋 Job Posting

#83 Erzähle ständig jedem davon, welche offenen Stellen du hast

Erzähle allen Menschen in deinem beruflichen sowie privaten Umfeld davon, welche Leute du suchst. Denn diese Menschen sind sich nicht stets darüber bewusst, welche offenen Positionen du hast. Wenn du sie regelmäßig daran erinnerst, werden sie viel öfter darüber nachdenken, wer aus ihrem Netzwerk, Bekannten- oder Familienkreis passen könnte – bzw. sie haben dich im Hinterkopf, wenn sie so jemanden kennenlernen.

◢ Job Posting

#84 Hole interessierte Kandidatinnen durch eine Landingpage in den Funnel

Baue jeweils eine Landing Page zu konkreten Projekten, wofür du neue Mitarbeiter suchst. Auf der Landingpage erhält man Infos zum Projekt, zum Team, zur Mission. Nutze sie bei der persönlichen Direktansprache potenzieller Kandidaten. Biete darauf neben dem »Jetzt Bewerben«-Button auch einen »Jetzt gerade nichts für mich, aber halte mich auf dem Laufenden«-Button mit E-Mail-Formular an und baue dir so einen Talent-Pool auf. Optional kannst du im nächsten Schritt wunderbar Online-Werbeanzeigen auf diese Landingpage schalten, um passende Kandidaten anzuziehen. Sprich dazu gerne einmal mit uns unter www.talentmagnet.io.

◢ Job Posting

#85 Nutze die *9-Word-E-Mail*, um ehemalige Kontakte zu reaktivieren

Eine Geheimwaffe aus dem Online-Marketing: Anstatt eine top ausformulierte und mit vielen Bildern verzierte, super professionelle E-Mail an ehemalige Bewerber oder Interessierte in deinem Talent-Pool zu senden, nutze eine einfache Text-E-Mail mit etwa neun als Frage formulierten Wörtern: »Interessierst du dich noch für einen neuen Marketing-Job?« Du wirst begeistert sein von den Antwortraten.

◢ Job Posting

#86 Frage deine Mitarbeiter, warum sie dein Unternehmen gewählt haben

Lasse dich bei der Formulierung der Vorteile und guten Gründe für dein Unternehmen von Argumenten deiner Mitarbeiter inspirieren. Frage sie, warum sie dein Unternehmen gewählt haben und was ihnen besonders gut daran gefällt.

◢ Job Posting

#87 Mache einen Podcast anstatt einer Stellenanzeige

Anstatt einer Stellenanzeige kannst du eine Podcast-Folge aufnehmen, in dem der Teamleiter sowie Mitarbeiter des Fachbereichs zu Wort kommen und über ihre täglichen Aufgaben, ihre Mission und den Job der offenen Position erzählen. Du kannst diese Podcast-Folge auch an die Stellenanzeige zur Position anhängen. Potenzielle Kandidaten bekommen so einen noch besseren Eindruck von der Stelle, dem Team und den Aufgaben.

🖊 Job Posting

#88 Erstelle ein kurzes Video, worin eine Mitarbeiterin die No. 1 Frage für Bewerber beantwortet

Lass die Frage »Was hat dich damals motiviert, bei uns anzufangen und nicht irgendwo anders?« von einer bestehenden Mitarbeiterin in einem simplen 30-sekündigen Selfie-Video beantworten. Damit holst du potenzielle Bewerber direkt mit der zentralsten Frage ab, die sie beschäftigt – und gibst ihnen eine Antwort von jemandem, mit der sie sich identifizieren können. Dieses Video kann dann auch perfekt für deine Werbeanzeige in einer Performance-Recruiting-Kampagne dienen. Mehr zu Performance Recruiting erfährst du auf www.talentmagnet.io.

🖊 Job Posting

#89 SEO-optimiere deine Beiträge zu offenen Stellen auf Facebook, LinkedIn oder TikTok

Wenn du den Link zu einer offenen Stelle über die Facebook-Page deiner Firma teilst, dann achte darauf, diesen Post zu SEO-optimieren. Dadurch wird dieser Post viel mehr potenziell passenden Menschen auf Facebook angezeigt und hat gute Chancen, in der Google-Suche sowie bei Google For Jobs angezeigt zu werden. Nutze dafür die wichtigsten Keywords, z. B. »Java Entwickler Job Hamburg«, im Text oder in den Captions des Posts, in den Hashtags, im Dateinamen des Bildes sowie im Alternativtext des Bildes oder Videos.

🖊 Job Posting

#90 Nenne die höhere Zahl bei der Gehaltsangabe zuerst

Eine Gehaltsangabe in der Stellenausschreibung ist in der Regel eine gute Idee und sorgt für Transparenz und Erwartungsmanagement. Der Trick: Gib bei einer Bandbreite die höhere Zahl zuerst an. Zum Beispiel: »Gehalt: 75.000–65.000 Euro«

⚡ Job Posting

#91 Nutze Social-Media-Gruppen, um mit vielen potenziellen Kandidaten in Kontakt zu kommen

Insbesondere Leute aus den Bereichen digitale Medien und IT sowie aus Kreativberufen wie Grafik- oder Produktdesigner, aber auch aus der Gastronomie- und der Event-Branche verbinden sich gerne in Social-Media-Gruppen (zum Beispiel auf Facebook oder LinkedIn), um sich dort fachlich auszutauschen. Auch viele Freelancer findet man dort, die nach neuen Projekten und Jobs Ausschau halten. Scheue dich nicht, solchen Gruppen beizutreten und dort einen Post abzusetzen, worin du nach passenden Leuten für deine offenen Stellen fragst, auf dein Jobangebot verlinkst oder Mitglieder direkt ansprichst.

⚡ Social Recruiting

🎧 *Machen! Podcast 8*[14]

---

14 https://machen.fm/8

#92 Nutze die Crowd in Social-Media-Gruppen, um Intros zu guten Leuten zu bekommen

Meist zeigen sich Mitglieder von Gruppen auf Facebook oder LinkedIn sehr hilfsbereit und machen dir Intros zu passenden Leuten, wenn du danach fragst. Auch kannst du in solchen Gruppen schnell und einfach mit Freelancern in Kontakt kommen. Es kommt nicht selten vor, dass Experten zunächst als freie Mitarbeiter im Unternehmen starten und nach einiger Zeit zu Festangestellten werden, wenn ihnen das Team, das Produkt und das Management gut gefallen. Im Fall von digital- und technologieaffinen Menschen sind dies zum Beispiel Facebook-Gruppen wie *Hamburg Start-up Jobs*, *Berlin Start-up Jobs* oder *Germany Start-up Jobs*.

✒ Social Recruiting

#93 Eröffne eine Facebook-Gruppe für Experten deiner Branche

Falls es in deiner Branche noch keine Facebook-Gruppe für Angehörige deiner Branche gibt, solltest du solch eine Gruppe ins Leben rufen. Wenn deine Firma beispielsweise ein Klempner-Handwerksbetrieb ist, kannst du eine Facebook-Gruppe für alle Klempner in deiner Region oder sogar deutschlandweit erstellen. Lade mit wenigen Klicks alle Klempner in die Gruppe ein, die du bereits kennst, und rufe dazu auf, dass diese wiederum ihre Kollegen und Bekannten einladen. Damit kreierst du langsam aber sicher deinen ganz persönlichen Pool mit direktem Zugang zu enorm vielen Experten deiner Branche.

✒ Social Recruiting

#94 Nutze passende Hashtags, um mit Experten auf Twitter in Kontakt zu kommen

Insbesondere viele Techies, Entwickler und Programmierer sind auf Twitter aktiv. Das ist deine Chance, um mit ihnen in Kontakt zu kommen. Suche nach ihren Posts mit passenden Hashtags, beispielsweise #python, #webdev oder #java, und sprich sie aktiv an.

✒ Social Recruiting

#95 Schalte lokale Facebook- und Instagram-Anzeigen auf Events, wo Experten sich tummeln

Spiele eine Facebook- und Instagram-Video-Anzeige mit exaktem Targeting auf den exakten Ort und den Zeitraum einer Messe, Konferenz oder eines Events, auf dem sich deine Zielgruppe zusammenfindet, aus. Das Ziel dieser Anzeige sollten maximale Video-Aufrufe sein. Damit »wärmst« du deinen Facebook-Pixel auf. Danach kannst du die gewonnene Custom Audience durch Retargeting weiter mit deinen Anzeigen bespielen. Falls dir diese Begriffe fremd sind, erkundige dich einfach bei deinen Online-Marketing-Kolleginnen dazu – sie werden dir gerne weiterhelfen.

⚡ Social Recruiting

#96 Nutze die Targeting-Produkte von LinkedIn oder Xing, um die richtigen Leute anzusprechen

Dort kannst du deine Ausschreibung genau solchen Personen anzeigen oder solche Personen kontaktieren, die das richtige Skillset in ihrem Profil angegeben haben und gegebenenfalls sogar offen für einen neuen Job sind.

⚡ Social Recruiting

#97 Baue über einen öffentlichen Tweet Kontakt zu einem Top-Experten auf

Finde deine Wunschkandidatin auf Twitter und erwähne sie positiv in einem öffentlichen Tweet. Biete darin an, euch mal zu unterhalten. Der Anreiz, dir zu antworten, ist immens: Erfolgsquote von nahezu 100 %.

⚡ Social Recruiting

#98 Schreibe ein »Kopfgeld« in deinem Netzwerk aus, um gute Kandidaten zu finden

Kommuniziere aktiv ein »Kopfgeld« in deinem persönlichen und beruflichen Netzwerk von z. B. 1.000 Euro ausgehend, damit dir passende Kandidaten für deine offenen Positionen vorgestellt werden. Poste dieses auf LinkedIn, Facebook, Instagram und Co. und schreibe es per Privatnachricht an passende Menschen.

⚡ Social Recruiting

> **Awareness: Deine 3 Aufgaben zum sofortigen Umsetzen**
>
> ☐ Nimm dir zehn Minuten Zeit und mache dir eine Liste der Top-10-Kontakte in deinem Netzwerk, die potenzielle Kandidaten für dich kennen könnten. Verabrede dich mit ihnen auf ein Mittag- oder Abendessen.
> ☐ Nimm dir die Stellenausschreibung einer aktuell schwierig zu besetzenden Position in deiner Firma vor. Stelle dir vor, dein perfekter Wunschkandidat existiert nicht. Lasse deiner Kreativität für fünf Minuten freien Lauf und notiere dir zwei alternative Szenarien, wie die Aufgaben dieser Position in Zukunft erledigt werden können. Durch eine bestehende Mitarbeiterin, einen Werkstudent, einen freien Mitarbeiter?
> ☐ Was ist eine aktuell dringend zu besetzende Position in deinem Unternehmen? Nimm dir fünf Minuten Zeit und notiere die Überschrift eines Fachartikels, den potenzielle Kandidaten für diese Stelle spannend fänden. Nimm dir fünf weitere Minuten Zeit und erstelle eine Liste von drei Kanälen (zum Beispiel Blog, YouTube, Podcast, Medium etc.), auf denen du diesen Content im nächsten Monat veröffentlichen wirst. Schaue dann das kostenfreie Kurzvideo-Training auf www.contentsystem.io an, um mit diesen Kanälen euer eigenes Performance Content System aufzusetzen.

6.2 Interest: Emotionen erzeugen und Interesse wecken

Abb. 9: Das tiefere Interesse von Kandidaten durch Emotionen aktivieren

Nachdem wir die erste Aufmerksamkeit von Kandidaten erhalten haben, geht es nun darum, ihr echtes Interesse zu wecken, Emotionen bei ihnen zu erzeugen und sie zu *aktivierten Kandidaten* werden zu lassen. Hier beginnen deine Person und Persönlichkeit, du als Führungskraft, Manager oder Inhaber deines Unternehmens eine immer größere Rolle zu spielen.

Für die besten Leute sind der Name des Unternehmens sowie des Produktes, für das sie arbeiten, sekundär. Das Wichtigste ist ihnen, *mit wem* sie dort zusammenarbeiten. *Für wen* sie arbeiten. *Wer* ihr Vorgesetzter oder ihr Chef ist. Welche persönlichen Weiterentwicklungsmöglichkeiten sie sehen. Ob sie von ihren Kollegen etwas lernen können. Was der größere Sinn, die Mission und die Vision deiner Firma sind.

Und für all das stehst du. Was man hinter deinem Rücken – intern sowie extern – über dich erzählt, das ist deine Personal Brand, und damit auch ein wichtiger Teil des Employer Branding deiner Firma.

Die Führungspersonen in deiner Firma oder in den Teams deines Unternehmens sind diejenigen, die all dies verkörpern und nach außen transportieren. Sie haben den Hebel in der Hand, um bei Top-Leuten positive Emotionen für euch zu wecken.

Zusätzlich spielen kluge Angebote und interessante Benefits eine Rolle, um echtes Interesse bei potenziellen Mitarbeitern zu intensivieren, damit sie sich ernsthaft mit der Frage auseinandersetzen, ob sie in deine Firma wechseln.

Meine Mitgründer Hauke und David sowie ich selbst haben stets viel Zeit damit verbracht, uns regelmäßig mit guten Leuten zu treffen, mit ihnen Mittagessen zu gehen, sie auf Abendveranstaltungen zu treffen und permanent persönlich unsere Message hinaus in die Welt zu tragen. Dabei ging es nicht darum, direkt unsere offenen Stellen an diese Leute zu »verkaufen«. Vielmehr haben wir uns selbst als die stärksten Träger unseres eigenen Employer Brands gesehen und von solchen Maßnahmen erst mittel- und langfristig profitiert.

In diesem Kapitel findest du Hacks der folgenden Kategorien:

- Networking
- Personal Branding
- Benefits
- Job Posting
- Social Recruiting

#99 Nutze den *Selfie-Trick* beim Networking

Wenn du bei einem Event einen spannenden Kontakt kennenlernst, gehe über das einfache Austauschen von Visitenkarten hinaus. Mache mit der Person ein gemeinsames Selfie. Am nächsten Tag schickst du ihr das Selfie inklusive einer knackigen WhatsApp-Message. Der Effekt wirkt Wunder!

⚡ Networking

#100 Erstelle deinen eigenen Talent-Pool

Baue dir eine vom E-Mail-Marketing inspirierte Leads-Liste mit Kontaktdaten aller jemals an deinen offenen Stellen interessierten Menschen auf. Durch einen Lead-Magneten in Form eines Freebie kannst du die E-Mail-Adressen von Besuchern deiner Job- und Karriereseite sammeln. Segmentiere diese nach ihren Interessen. Sobald eine neue Stelle in deiner Firma offen ist, sendest du eine E-Mail an das richtige Segment deines Talent-Pools und erreichst so die richtigen potenziellen Kandidaten. Auch hier: Lasse dich von diesen Fachbegriffen aus dem Online-Marketing nicht abschrecken. Deine Marketing-Kollegen helfen dir gerne weiter!

⚡ Networking

#101 Pflege den Kontakt zu früheren Kandidaten

Es kann verschiedene Gründe geben, weshalb eine Kandidatin früher nicht eingestellt worden ist. Es ist wertvoll, mit diesen Leuten in Kontakt zu bleiben. Die Dinge können sich ändern. Bewerberinnen von damals können die Mitarbeiterinnen von morgen sein! Lege dir dafür eine Datenbank an. Pflege regelmäßigen Austausch und Kontakt zu ehemaligen Bewerbern, triff dich beispielsweise auf einen Kaffee oder ein Mittagessen. Lade sie zu Veranstaltungen und Firmenevents ein. Verbinde dich mit ihnen über soziale Medien und füge sie deinem Experten-Newsletter hinzu.

⚡ Networking

#102 *Never lunch alone*

Es sollte zu deinen festen Ritualen als Leader oder Unternehmer gehören, regelmäßig mit einer Person aus der Mitarbeiter-Zielgruppe deiner Firma persönlich Mittagessen zu gehen, beispielsweise an mindestens einem Tag pro Woche. So pflegst du nicht nur den direkten Kontakt zu potenziellen zukünftigen Mitarbeitern, sondern profitierst zusätzlich von ihrem Einfluss und Netzwerk in die entsprechende Experten-Szene – woraus wiederum neue Kandidaten-Kontakte für dich entstehen können. Als Nebeneffekt bekommst du auch mit, welche Neuigkeiten es in der Szene gibt, bei welchen Unternehmen sich Leute möglicherweise gerade unwohl fühlen und wo es besonders erfolgversprechend sein könnte, deine Recruiting-Aktivitäten zu fokussieren.

◆ Networking

#103 Zeichne ein Bild von dir als Person auf LinkedIn

Erfolg bei Akquise über LinkedIn: Veröffentliche beispielsweise einmal pro Monat einen Artikel, einen ausführlichen Post oder ein Video auf LinkedIn. Poste dabei ruhig auch mal persönliche Dinge von dir. Praxiserprobte Posting-Rezepte, die du als perfekte Schablonen für regelmäßige Posts auf LinkedIn nutzen kannst, habe ich dir unter folgendem Link zum kostenfreien Download bereitgestellt: www.machen.fm/linkedin-rezepte

◆ Personal Branding

#104 Sei dir darüber bewusst, das People- und Talent-Management Chefsache ist

Google Gründer Larry Page soll einmal angemerkt haben, dass er 60 bis 80 % seiner Zeit mit People Themen verbringt. Noch bis 2015 hat er die Bewerbungsunterlagen jeder Person, die Google neu einstellte, persönlich geprüft.[15]

◆ Personal Branding

#105 Überzeuge mit einer virtuellen Beteiligung

Eine virtuelle Beteiligung von Mitarbeitern am Unternehmen in Form eines ESOP (Employee Stock Option Plan) steigert die Attraktivität deiner Firma im Bewerbungsprozess sowie im Daily Business. Falls es zu einem Aufkauf oder einem Exit deiner Firma kommt, motiviert eine Mitarbeiterbeteiligung deine Mitarbeiter zu-

---

15 https://www.businessinsider.com/google-ceo-larry-page-on-hiring-2015-4

sätzlich, in der Firma zu bleiben, was ein gutes Argument für den Käufer ist. Alternativ kannst du auch über jährliche Anteils- oder Aktienaufkaufprogramme zum vergünstigten Preis für Mitarbeiter nachdenken.

🗲 Benefits

#106 Überzeuge mit persönlicher Weiterbildung

Ein Angebot von hochqualitativen Weiterbildungsmöglichkeiten in deiner Firma ist eines der Top-Argumente für interessierte Menschen, um sich tiefer mit deiner Firma zu beschäftigen. Am Ende gibt es eine Win-win-Situation, weil das Investment in die persönliche Weiterbildung deiner Leute nicht nur ihnen, sondern auch deiner Firma hilft.

🗲 Benefits

#107 Nutze den Steuerfreibetrag für zusätzliche Benefits voll aus

Benefits und Sachleistungen sind sowohl für Mitarbeiter als auch für Unternehmen oft reizvoller als ein höheres Gehalt, da netto mehr übrig bleibt. Du kannst einem Mitarbeiter in Deutschland bis zu 600 Euro pro Jahr (50 pro Monat) in Form von Sachleistungen zukommen lassen. Frage einen Kandidaten, was er für diesen Preis gerne hätte!

🗲 Benefits

#108 Biete ein ÖPNV-Ticket oder Mobilitätsguthaben

Überzeuge Leute mit einem Job-Ticket oder nutze Angebote von Mobilitätsanbietern, bei denen Mitarbeiter selbst wählen können, ob sie Ihr Guthaben für den ÖPNV, Carsharing, Bikesharing, Taxis oder E-Scooter ausgeben möchten.

🗲 Benefits

#109 Überzeuge mit besonderen Benefits und attraktiven Goodies

Biete Kandidaten ein Handy und einen Laptop ihrer Wahl, die sie auch privat nutzen dürfen. Das Gleiche gilt für einen Mobilfunkvertrag. Veranstalte regelmäßige Team-Events und biete mindestens einmal pro Woche ein Frühstück für alle Mitarbeiter in der Firma an. Wie wäre es mit einer Netflix-Mitgliedschaft, einem Fahrrad (als geleastes Dienstfahrrad steuerbegünstigt), mit dem Anbieten von Einsätzen im Ausland über einen Austausch mit ausländischen Partnerfirmen oder über Auslandsstandorte?

🗲 Benefits

#110 Überzeuge mit gesunden Kleinigkeiten, die als besonders positiv wahrgenommen werden

Alle Goodies, die sich rund um Gesundheit und Wellness drehen, werden von Kandidaten als überdurchschnittlich wertvoll angesehen. Neben Obst und Getränken am Arbeitsplatz ziehen Sport-Angebote, Yoga, Meditation oder Massage im Office besonders gut. Auch eine Fitnessstudio-Mitgliedschaft wird sehr positiv aufgenommen.

🗲 Benefits

🎧 *Machen! Podcast 125* mit Moritz Kreppel, Gründer & CEO von Urban Sports Club[16]

---

16 https://machen.fm/125

#111 Mache Interessierten individuelle Benefits-Angebote

Sei kreativ. Frage eine Kandidatin beim Vorstellungsgespräch, was ihre regelmäßigen Ausgaben sind. Und schon hast du Ideen, welche dieser Ausgaben in deinem Rahmen liegen, die du für sie übernehmen kannst. Sie wird sich über das Angebot freuen, versprochen!

🖋 Benefits

#112 Profitiere von der großen Nachfrage nach Work-Life-Balance

Biete Kandidaten und Mitarbeitern Unterstützung zu familiären Ausgaben (zum Beispiel einen Zuschuss zum Kindergarten oder zur Kinderbetreuung), flexible Arbeitszeiten (zum Beispiel Gleitzeit oder Kernarbeitszeiten), Homeoffice-Regelungen oder die Möglichkeit, ihren Hund mit zum Arbeitsplatz zu bringen.

🖋 Benefits

#113 Nutze Undercover-Stellenausschreibungen, um nur die besten Leute anzusprechen

Sprich die besten Experten mit einer Herausforderung in deiner Stellenanzeige an. So finden, testen und überzeugen Google und andere Tech-Riesen aus dem Silicon Valley die besten Leute »undercover«.

Abb. 10: Eine Stellenanzeige von Google, die nur für Profis als solche erkennbar ist: Die Lösung des Rätsels ergibt die Domain der Stellenbeschreibung[17]

⚡ Job Posting

#114 Nenne eine Telefonnummer mit Call-to-Action in der Stellenanzeige

Betrachte Kandidaten wie Kunden. Einem Kunden würdest du eine einfache Möglichkeit bieten, dich direkt zu kontaktieren, um sich über dein Produkt zu informieren. So holst du ihn tiefer in deinen Sales-Funnel. Deshalb: Gib in deinen Stellenangeboten eine Telefonnummer direkt zur Abteilungsleitung an, verbunden mit einer Call-to-Action, dass Interessierte dort anrufen können.

⚡ Job Posting

---

17 https://www.npr.org/templates/story/story.php?storyId=3916173

#115 Veröffentliche eine *33-gute-Gründe-Liste*

Eine Idee von Dirk Kreuter[18]: Erstelle eine Liste mit 33 Argumenten, warum Menschen in deinem Unternehmen anfangen sollten zu arbeiten und veröffentliche diese Liste auf deiner Karriere-Webseite. *Tipp, falls du dich bewirbst:* Hänge deiner Bewerbung ebenfalls eine Liste mit 33 guten Gründen an, warum man dich einstellen sollte.

✦ Job Posting

#116 »Corporate-Sprech« ist tot: Verkaufe deine Stellen mit menschlichen Worten

Sei du selbst beim Kontakt mit Kandidaten. Bezeichne dich in deinen E-Mails nicht als »wir« – das unterscheidet dich sofort von anderen. Viele versuchen, groß, wichtig und nach Corporate zu klingen. Aber diejenigen, die E-Mails schreiben, als ob sie ihrem besten Freund schreiben würden, haben den größten Erfolg. Menschen wollen mit Menschen in Verbindung treten, nicht mit Unternehmen. Die Unternehmenstonalität führt nicht zum Erfolg.

✦ Job Posting

#117 Gib Bewerbern innerhalb von 24 Stunden eine persönliche Rückmeldung per Telefon

Bei der hohen Geschwindigkeit im Performance Recruiting sowie bei anderen Social-Recruiting-Methoden ist es enorm wichtig, sich innerhalb von 24 Stunden bei Kandidaten zu melden, die sich zum Beispiel über ein Bewerber-Quiz bei dir beworben haben. Am Telefon überzeugst du sie am besten für den nächsten Schritt und fragst weitere erforderliche Qualifikationen ab. Denke daran: Im Sinne des Reverse Recruiting bewirbt sich hier auch immer das Unternehmen beim Kandidaten. Mehr zum Thema Performance Recruiting erfährst du auf www.talentmagnet.io.

✦ Social Recruiting

---

18 https://www.youtube.com/watch?v=0L6cDYlBs1U

> **Interest: Deine 3 Aufgaben zum sofort Umsetzen**
>
> - Suche deinen eigenen Namen bei Google. Welche Dinge findest du über dich im Netz, wie stellt sich deine Personal Brand als Leader, Manager und Führungskraft dar? Notiere dir drei Maßnahmen mit Deadlines, die du in den nächsten vier Wochen umsetzen wirst, um deine eigene Personenmarke aufs nächste Level zu bringen.
> - Starte eine Kurzumfrage unter deinen Mitarbeitern (zum Beispiel mit Google Forms[19]), in der sie den wahrgenommenen Wert der Benefits, die dein Unternehmen ihnen bietet, auf einer Skala von 1 bis 5 bewerten sollen. Frage auch ab, welche weiteren Benefits sie sich in Zukunft wünschen würden. Lege danach fest, welche Benefits du abschaffst und welche du neu einführst.
> - Gehe auf die Karriereseite deiner Firma und öffne eine aktuelle Stellenausschreibung. Versetze dich voll und ganz in die Lage eines potenziellen Bewerbers. Wie wirkt die Ausschreibung auf dich? Was fehlt dir? Was lässt sich mit geringem Aufwand optimieren?

6.3 Desire: Das Verlangen zur Entscheidung entfachen

Abb. 11: Aktivierte Kandidaten zu Bewerbern werden lassen

---

[19] https://www.google.com/forms/about/

6.3 Desire: Das Verlangen zur Entscheidung entfachen

Bei aktivierten Kandidaten hast du es geschafft, positive Emotionen zu erzeugen und ihr Interesse für das Arbeiten in deiner Firma zu wecken. Gut gemacht! In diesem Kapitel gehen wir einen Schritt tiefer in den Funnel. Beide Seiten sollen endgültig herausfinden, ob sie wirklich zueinanderpassen. Sowohl die Kandidatin als auch wir als Führungskraft wollen uns gegenseitig tiefer kennenlernen und einen guten Auswahlprozess durchlaufen. Im Bild des Sales-Funnels ausgedrückt, wollen wir entweder zur Kaufentscheidung gelangen – oder aber anhand fundierter Daten feststellen, dass wir nicht zusammenpassen.

Bei den Kandidaten, die wir gerne einstellen möchten, wollen wir sie von aktivierten Kandidaten zu echten *Bewerbern* werden lassen. Wir wollen das Verlangen in ihnen entfachen, ihre »Kaufentscheidung« für unser Unternehmen endgültig zu treffen.

Ich habe in meiner Zeit als Führungskraft in meinen Firmen sowie im Daimler-BMW-Joint-Venture immer wieder gelernt, wie unglaublich wichtig es ist, beim Auswahlprozess das bestehende Team mit einzubeziehen. Sowohl bei der Mitarbeiterauswahl selbst als auch später beim Onboarding sowie für den Erfolg als funktionierendes Team ist es Gold wert, wenn die Unterstützung des Teams von Anfang an vorhanden ist. Einmal habe ich eine Person eingestellt, von deren Fähigkeiten ich sehr überzeugt war, ohne das Team vorher mit ins Boot zu holen. Das war ein großer Fehler. Ich konnte nur mit großen Mühen und Reibungsverlusten das Team zusammenhalten und zu weiterer guter Zusammenarbeit befähigen.

🎧 *Machen! Podcast 112*[20]

---

20 https://machen.fm/112

In diesem Kapitel findest du Hacks der folgenden Kategorie:

◆ Auswahlprozess

#118 Lasse dich bei der Candidate-Journey vom Conversion-Funnel eines Online-Shops inspirieren

Gehe die Candidate-Journey aus Sicht eines potenziellen Bewerbers bei deiner Firma durch und vergleiche sie mit den Schritten des Kaufprozesses in einem Online-Shop wie beispielsweise *Amazon*. Welche Mittel nutzt Amazon, um Besucher zum Kauf und Upselling anzuregen? Wie informiert Amazon dich stets transparent über den aktuellen Status deiner Bestellung? Du kannst äquivalente Mechaniken bei dir im Recruiting-Funnel nutzen.

◆ Auswahlprozess

#119 Zeige ein Video in der Eingangsbestätigungs-E-Mail für Bewerbungen

Zeige ein Video vom Teamleader oder HR-Manager in der automatischen Antwort-E-Mail auf eine eingegangene Bewerbung: »*Vielen Dank für deine Bewerbung! Das sind die nächsten Schritte …*« Transparenz gewinnt immer!

◆ Auswahlprozess

#120 Schicke Bewerbern vor dem Bewerbungsgespräch ein *Skillsheet* zur Selbsteinschätzung

Liste alle Fähigkeiten, die für die offene Stelle notwendig sind, auf und lasse den Bewerber ein Selbsteinschätzungs-Rating von 1 bis 5 abgeben. Die Erfahrung zeigt, dass dies meist sehr gut zutrifft. Außerdem bildet die Selbsteinschätzung eine gute Grundlage für potenzielle weitere Gespräche.

◆ Auswahlprozess

🎧 *Machen! Podcast 68* mit Jan Marquardt, Gründer & CEO von Coyo[21]

---

21 ttps://machen.fm/68

#121 Platziere die Kandidatin im Bewerbungsgespräch so, dass sie in den Raum hinein schaut

Ein alter Trick aus dem Dating: Erlaube deinem Gegenüber den Platz am Tisch zu erhalten, der in den offenen Raum hinein blickt – und nicht in Richtung Wand. Dadurch ist er sofort entspannter, weil er seinen Blick auch an anderen Dingen im Raum festhalten kann. Das Gespräch wird lockerer, offener und angenehmer.

⚡ Auswahlprozess

#122 Stelle die *Viel-Geld-Frage* im Bewerbungsgespräch

Eine der größten Herausforderungen ist es, in einem Bewerbungsgespräch den Charakter eines Kandidaten herauszufinden. Eine Frage, die sich sehr gut dafür eignet, ist: »Wenn du plötzlich so viel Geld hättest, dass du dir um deine Miete, deinen Lebensunterhalt etc. keinen Kopf mehr machen müsstest – was würdest du mit diesem Geld tun?« Hier gibt's keine richtigen oder falschen Antworten – aber du wirst ein gutes Gefühl für den Charakter und die Persönlichkeit des Kandidaten bekommen.

⚡ Auswahlprozess

#123 Achte darauf, dass dein Redeanteil im Bewerbungsgespräch bei maximal 20 % liegt

Es ist eine Angewohnheit vieler Führungskräfte, dass sie die meiste Zeit im Bewerbungsgespräch von sich und der Firma sprechen. Es sollte aber die Bühne des Kandidaten sein, damit du ihn perfekt kennenlernen kannst. Zwinge dich dazu, maximal 20 % der gesamten Redezeit einzunehmen.

🖈 Auswahlprozess

#124 Achte auf die Fußstellung des Kandidaten beim persönlichen Kennenlernen

Viele Menschen sind mittlerweile darauf geschult, ihre nonverbale Kommunikation zu kontrollieren. Bei den Füßen fällt das deutlich schwerer. Deshalb kannst du aus der Fußstellung während eines ersten Kennenlernens viel über den Charakter und den Gemütszustand einer Person lesen.

🖈 Auswahlprozess

🎧 *Machen! Podcast 65* mit Daniela Conrad, Executive Partner bei five14[22]

---

[22] https://machen.fm/65

#125 Lerne auch ausländische Kandidaten vor der Einstellung persönlich kennen

An einem persönlichen Kennenlernen vor der Unterzeichnung des Arbeitsvertrags führt auch bei ausländischen Kandidaten kein Weg vorbei. Wenn es visumbedingt möglich ist, lade die Kandidatin zu einem Vorstellungsgespräch in deine Firma ein – Flug und Hotel auf deine Kosten. So kannst nicht nur du beurteilen, ob sie in dein Unternehmen passt. Auch die Kandidatin bekommt ein Gefühl, ob sie den großen Schritt, in ein fremdes Land auszuwandern, wirklich gehen möchte. Ihr muss im Vorhinein bewusst sein, dass Land und Leute anders sein werden, dass das Wetter anders sein wird, dass es zunächst nur wenige soziale Kontakte geben wird und dass Deutschland keineswegs das Schlaraffenland mit Milch und Honig im Überfluss ist.

✎ Auswahlprozess

#126 Übermittle Kandidaten vor dem Bewerbungsgespräch eine Hausaufgabe

Stelle Bewerbern vor dem ersten Bewerbungsgespräch eine kleine Hausaufgabe, über deren Ergebnis ihr dann im Bewerbungsgespräch sprecht. So beschäftigt sich der Kandidat bereits vor dem Gespräch mit deiner Firma und investiert schon vorab Zeit und Gedanken. Dadurch entsteht ein moralischer Vorvertrag.

✎ Auswahlprozess

#127 Nutze den Sales-Trick, wenn Bewerber beim Konkurrenten bessere Konditionen bekommen

Wenn dich ein Kandidat im Bewerbungsprozess damit konfrontiert, dass ein anderes Unternehmen bessere Konditionen bietet, antworte einfach mit »Ja, das müssen die auch.« Mit diesem Sales-Trick implizierst du, dass dort schlechtere Bedingungen herrschen könnten.

✎ Auswahlprozess

#128 Überzeuge unterschiedliche Charaktere mit der richtigen Ansprache

Eigne dir Wissen darüber an, wie man verschiedene Charaktertypen nach dem DISG-Modell[23] (*dominant, initiativ, stetig, gewissenhaft*) von etwas überzeugt und für etwas motiviert, und wende diese Techniken bei Kandidatinnen und Bewerbern an.

✒ Auswahlprozess

#129 Schicke ein personalisiertes Video an deine Wunschkandidatin

Videonachrichten erreichen grundsätzlich eine deutlich höhere Aufmerksamkeit und Antwortrate als Textnachrichten. Schicke deiner Wunschkandidatin während des Kennenlern- oder Bewerbungsprozesses einen Link per E-Mail zu einem persönlichen Video vom Abteilungsleiter oder Chef mit einem netten Gruß oder einer klaren Call-to-Action für den nächsten Schritt im Prozess.

✒ Auswahlprozess

#130 Mache den *Given-your-Background-Check* mit CVs von Bewerbern

Analysiere den CV von Bewerbern im Hinblick auf den Abstand zwischen initialer Asset-Ausstattung einer Person (»Given Background«, zum Beispiel Elternhaus, Schulbildung, sozialer Hintergrund) und den Dingen, die sie von dort aus erreicht hat (»Output«). Je größer die Entfernung dazwischen ist, desto eher hat die Person ihre Komfortzone verlassen und wird dementsprechend ein wertvoller Mitarbeiter für dich sein.

✒ Auswahlprozess

#131 Setze einen *Bewerber-Deselektionsfunnel* auf

Implementiere einen vom Online-Marketing inspirierten Bewerbungs-Delektionsprozess, um bereits am Anfang Bewerber automatisiert herauszufiltern, die deinen Anforderungen nicht entsprechen. Aus deiner Stellenanzeige heraus kommen interessierte Kandidaten im 1. Schritt auf eine Landingpage (mit einem Infotext

---

23 https://de.wikipedia.org/wiki/DISG

zur Firma inklusive euren Firmenwerten sowie einem simplen Video mit Infos zum Job). Im 2. Schritt folgt ein E-Mail-Optin-Formular für interessierte Bewerber. Im 3. Schritt erhält der Bewerber eine E-Mail-Abfolge mit Bewerbungsgespräch-Content in Video-Form (1. Werte deiner Firma, 2. Eure Mission, 3. Die Aufgaben im konkreten Job). Im 4. Schritt kann der Bewerber aus der E-Mail heraus in einer Online-Maske den Wunsch nach einem persönlichen Gespräch äußern und einige Angaben zu seiner Person und seinen Qualifikationen mitsenden. Im 5. Schritt lädst du die qualifiziertesten Bewerber zum Gespräch ein. Durch diesen 5-stufigen Deselektionsfunnel wirst du am Ende weniger, aber bessere Bewerbungen erhalten.

➤ Auswahlprozess

#132 Setze einen *Reverse-Recruiting-Funnel* zur Selektion auf

Durch einen vom Online-Marketing inspirierten Reverse-Recruiting-Funnel erreichst du potenzielle Kandidaten vom sogenannten *passiven Bewerbermarkt*, die deine Stellenangebote normalerweise niemals gesehen hätten. Im 1. Schritt schaltest du Ads, zum Beispiel bei Facebook, Instagram oder TikTok, die deine gewünschte Mitarbeiter-Zielgruppe targetieren. Im 2. Schritt gelangen Interessierte auf eine mobil-optimierte Landing-Page, auf der sie sich durch ein kleines Quiz weiter vorqualifizieren und ihre Kontaktdaten hinterlassen können. Im 3. Schritt kontaktierst du diese Bewerber, überzeugst sie am Telefon von deinem Unternehmen und lädst sie zum persönlichen Kennenlernen ein. Bei *Talentmagnet*[24] nutzen wir diese Methode erfolgreich, um Bewerber auch für schwierig zu besetzende Positionen unserer Kunden zu gewinnen. Ein kurzes Erklärvideo, das die Methode in 60 Sekunden veranschaulicht, siehst du unter dem Link www.talentmagnet.io.

➤ Auswahlprozess

#133 Nutze *Flirt-Tricks*, um den Charakter eines Kandidaten kennenzulernen

Führe das erste Gespräch mit einem Kandidaten möglichst nicht in der Firma, sondern beim gemeinsamen Essen, beim Kaffee trinken oder Spazieren gehen. Generell kann es sogar zielführend sein, gemeinsam ein Bier oder einen Wein trinken zu gehen, um den Charakter und das Mindset der Person kennenzulernen sowie die Frage zu klären, ob man sich »versteht«. Dabei ist es wichtig, auch über Privates zu reden.

---

24 https://talentmagnet.io/

Lasse die Person ihre private Vision, Mission und Geschichten aus ihrem Leben erzählen. Frage tief nach und erzähle positive und amüsante Dinge aus deiner Firma. Mache auch von Anfang an deine Erwartungen klar. Versuche herauskitzeln, was dem Kandidaten wichtig ist und warum er überlegt, seinen Job zu wechseln. Gib ihm das Gefühl, dass es noch kein offizielles Bewerbungsgespräch ist. Denke daran: Es ist ähnlich wie beim Flirt des ersten Dates. Bringe Magie in den Raum, bleibe etwas geheimnisvoll, aber dennoch offen, ehrlich, persönlich und damit anziehend.

➤ Auswahlprozess

#134 Pitche deine Firma an Familie und Freunde eines Kandidaten

Sende nach dem Bewerbungsgespräch stets eine Mail an die Kandidatin mit einer kurzen Firmenpräsentation und einem Link zum Firmenvideo. Sage ihr explizit, sie könne dieses gerne ihrer Familie und ihren Freunden zeigen, um zu einer Entscheidung zu kommen. Eine wichtige Erkenntnis: Du musst nicht nur die Kandidatin, sondern auch ihre Familie und Freunde von deiner Firma überzeugen!

➤ Auswahlprozess

#135 Schaffe das Thema Gehalt schnell vom Tisch

Das Thema Gehalt muss schnell vom Tisch sein, damit ihr euch im Bewerbungsprozess auf Inhaltliches fokussieren könnt. Präferiere ein klares gegenseitiges Erwartungsmanagement anstatt eines Feilschens ums Gehalt. Wichtig ist hier, dass sich das Gehalt für den Mitarbeiter fair anfühlt, wenn er es mit dem von internen und externen Kollegen vergleicht.

➤ Auswahlprozess

#136 Nutze die *36 Fragen zum Verlieben*, um einen Kandidaten kennenzulernen

Die 36 Fragen zum Verlieben stammen aus einer Psychologie-Studie von 1997.[25] Paare, die sich vorher nicht kannten, wurden zusammengebracht und man ließ sie sich gegenseitig 36 Fragen beantworten, die nach und nach immer intimer

---

[25] https://www.nytimes.com/2015/01/11/style/36-questions-that-lead-to-love.html

6.3 Desire: Das Verlangen zur Entscheidung entfachen

wurden. Dadurch lernt man einen Menschen und seine Werte schnell und gut kennen. Zum Beispiel:

Wenn du unter allen Menschen auf der Welt wählen könntest, wen würdest du gerne zum Essen einladen?

Würdest du gerne berühmt sein? In welchem Bereich?

Was macht für dich einen perfekten Tag aus?

Gibt es etwas, von dem du schon lange träumst, es zu tun? Warum hast du es noch nicht getan?

Was war bisher der größte Erfolg in deinem Leben (beruflich)?

Was ist deine liebste Erinnerung (in deinem letzten Job)?

✏ Auswahlprozess

🎧 *Machen! Podcast 26*[26]

---

[26] https://machen.fm/26

#137 Nutze die 7 von Google als »*wirksam*« identifizierten Interview-Fragen[27]

1. *Beschreibe deinen Prozess für [ausfüllen].*
2. *Erzähle mir von einer Situation, als du ein Risiko eingegangen und gescheitert bist.*
3. *Worauf bist du stolz und warum?*
4. *Was ist die komplexeste oder nischigste Sache, über die du viel weißt? Kannst du sie mir in fünf Minuten oder weniger erklären?*
5. *Wenn du bei uns anfängst, wie wird sich das aufs Team auswirken?*
6. *Erzähle mir von der unstrukturiertesten Umgebung, in der du jemals gearbeitet hast.*
7. *Was sollte ich unbedingt über dich wissen, worüber wir noch nicht gesprochen haben?*

➤ Auswahlprozess

#138 Erkundige dich bei ehemaligen Kollegen eines Bewerbers

Identifiziere direkte oder indirekte Verbindungen auf LinkedIn, Xing oder anderen sozialen Medien zu aktuellen oder ehemaligen Kollegen vom Bewerber und erkundige dich bei ihnen, wie die Zusammenarbeit war.

➤ Auswahlprozess

#139 Setze auf einen 5-stufigen Interviewprozess im Bewerbungsverfahren

Lasse diese fünf Personen eine Kandidatin persönlich kennenlernen, bevor dein Unternehmen sie einstellt:
1. Recruiter
2. Teamleader
3. Teammitglied
4. Mitglied eines ganz anderen Teams
5. Gründerin, Inhaberin oder CEO des Unternehmens

➤ Auswahlprozess

---

27 https://hire.google.com/articles/7-proven-job-interview-questions/

#140 Sei vorsichtig bei Kandidaten, die über ihren ehemaligen Arbeitgeber lästern

Wer über seinen ehemaligen Arbeitgeber schlecht redet, legt kein professionelles Verhalten an den Tag. Oftmals haben solche Bewerber eine geringere Bereitschaft für Eigenverantwortung und Problemlösungsorientierung und suchen Schuld schneller bei anderen. Es besteht ein Risiko, dass sie in Zukunft hinter deinem Rücken genauso über dich sprechen werden.

⚡ Auswahlprozess

#141 Gib Bewerberinnen gute Argumente für ihre Familie und Freunde mit

Frage eine gute Kandidatin am Ende des Bewerbungsgesprächs, was Familie und Freunde zu ihrem potenziellen neuen Job sagen würden. Wenn sie mögliche Bedenken und Einwände äußert, gib ihr deine guten Argumente und Gründe dazu als »Munition« mit, die sie zu Hause anwenden kann.

⚡ Auswahlprozess

#142 Nutze *TEV*, um die Qualität eines Bewerbers im Gespräch zu bewerten

Während des Bewerbungsgesprächs notierst du dir die Buchstaben T, E und V, jeweils entweder als Groß- oder Kleinbuchstabe.

T = Talent, Potenzial.

E = Experience, Kompetenz, Skills.

V = Values Fit.

Ein Großbuchstabe heißt, der Bewerber erfüllt deine Anforderungen. Ein Kleinbuchstabe bedeutet, er erfüllt sie nicht. Ein Kandidat mit der Bewertung »*TEV*« ist optimal, sofort einstellen! Einen mit »*TeV*« kannst gut weiterentwickeln und er passt zum Unternehmen und ist ebenfalls potenziell ein Treffer. Achtung: Bewerber mit dem Ergebnis »*TEv*« werden »*Terroristen*« genannt, diese solltest du in der Regel nicht einstellen.

⚡ Auswahlprozess

#143 Suche nach *TeV*-Kandidaten

Eine Bewerberin mit der Bewertung »*TeV*« kannst du gut weiterentwickeln und sie passt zum Unternehmen. Außerdem hat sie in der Regel noch nicht sehr hohe Gehaltsvorstellungen, sie wird deiner Firma erfahrungsgemäß lange loyal bleiben und bringt einen großen Willen zum Lernen und zur Weiterentwicklung mit.

◆ Auswahlprozess

#144 Mache *Bewerbungsgespräch-Retros* für dich selbst

Vorstellungsgespräche sind Verkaufsgespräche. Mache es wie jeder gute Verkäufer: Schreibe direkt nach dem Gespräch für dich selbst auf, was gut lief und was du beim nächsten Mal verbessern wirst. So wirst du von Gespräch zu Gespräch besser und lernst, dich selbst und deine Firma immer besser an gute Kandidaten zu »verkaufen«.

◆ Auswahlprozess

#145 Nutze den *Schufa-Trick* im Bewerbungsgespräch

Stelle einer Bewerberin die Frage »Wenn ich gleich deinen Schufa-Score abrufe – was werde ich da sehen?« Durch die Antwort bekommst du einen Hinweis auf die Fähigkeit der Person, mit wichtigen Dingen verantwortungsvoll umzugehen.

◆ Auswahlprozess

#146 Nutze den *Referenzen-Trick* im Bewerbungsgespräch

Stelle einem Bewerber im Gespräch die Frage »*Wenn ich deinen letzten Arbeitgeber anrufe – was wird er mir über dich sagen?*« Wichtig ist hier, nicht den Konjunktiv »… würde …« zu verwenden, da die Antwort dann schneller etwas geflunkert ausfallen kann.

◆ Auswahlprozess

#147 Mache stets einen persönlichen Probearbeitstag

Lade Kandidatinnen immer für einen persönlichen Probearbeitstag ein. Anreise und gegebenenfalls Hotel können von deiner Firma übernommen werden. Vermeide es aber, ein Gehalt oder eine Entschädigung für diesen Tag zu zahlen. Ein Testtag ist eine faire Sache für beide Seiten. Die Kandidatin lernt das Team, die Arbeitsweise und das Betriebsklima kennen. Das Team lernt die Kandidatin, ihre Persönlichkeit und ihre Art zu arbeiten kennen. Lasse die Kandidatin zum Beispiel mit dem Team Mittagessen gehen, damit sich alle besser kennenlernen und einen Eindruck voneinander bekommen.

✱ Auswahlprozess

#148 Lasse einen Kandidaten eine Testaufgabe vor Ort bearbeiten

Bei Software-Entwicklern kann eine Testaufgabe beispielsweise eine Coding-Challenge sein. Die folgenden Fragen aus einem Google-Bewerbungsprozess zeigen zudem, welche Testaufgaben man geben kann, die keine direkte Verbindung zum Job haben, aber einiges über die Fähigkeiten der Person aussagen:
- *Please design an evacuation plan for the building.*
- *A coin was flipped 1.000 times and there were 560 heads. Do you think the coin is biased?*
- *If ads were removed from YouTube, how would you monetize it?*
- *What is your opinion on whether or not individuals should be required to use their official naming a Gmail or Google account?*

✱ Auswahlprozess

#149 Lasse dein Team bei der Mitarbeiterauswahl mitentscheiden

Sobald dein Team das Gefühl hat, bei der Auswahl einer neuen Kollegin mitentschieden zu haben, werden die Teammitglieder automatisch bereit und bemühter sein, das neue Teammitglied gut onzuboarden und anzulernen.

✱ Auswahlprozess

#150 Hire for Attitude, train for Skills

In diesem Sprichwort aus dem Amerikanischen steckt einiges an Wahrheit: Seine Skills, also seine Fähigkeiten und Fertigkeiten, kann jeder Mensch lernen und stets erweitern. Sein Mindset, sein Charakter, seine Einstellung sind allerdings das Wichtigste – und leider nicht mal eben so änderbar oder erlernbar.

🗲 Auswahlprozess

#151 Erfrage beim Vorstellungsgespräch die kleinen Erfolgsgeschichten aus vorherigen Jobs

Frage im Bewerbungsgespräch explizit nach detaillierten Situationen in bisherigen Jobs der Kandidaten, wo sie ihrem Arbeitgeber zu kleinen Erfolgen verholfen hat. Damit erhältst du einen Eindruck fernab der großen Erfolge, die im Lebenslauf stehen.

🗲 Auswahlprozess

#152 Vergib Schulnoten, um dich von Emotionen zu befreien

Definiere vorab 7 Bereiche, für die du Bewerbern im Vorstellungsgespräch Schulnoten gibst. So eliminierst du Emotionen und erhältst eine quantitative Entscheidungs- und Vergleichsgrundlage.

🗲 Auswahlprozess

#153 Kreiere eine persönliche Ein-Jahres-Vision mit deiner Mitarbeiterin

Persönliche Weiterentwicklung ist einer der stärksten Treiber für Personen, um in deinem Team anzufangen und lange an deiner Seite zu bleiben. Biete ihnen genau das: Erstelle dafür vor der Einstellung oder direkt zu Beginn einen 1-Jahres-Visionsplan gemeinsam mit ihr. Wie wird sie sich in einem Jahr persönlich weiterentwickelt und weitergebildet haben durch die Tätigkeit in deinem Unternehmen? Welchen Einfluss hat der Job bei dir auf ihre persönlichen Ziele? Wie kann die Firma proaktiv unterstützen und welche Maßnahmen werden ergriffen, um ihre persönlichen Ziele noch leichter und schneller zu erreichen?

🗲 Auswahlprozess

#154 Überzeuge Bewerber durch eine persönliche Sprachnachricht

Indem du der Antwort-E-Mail auf eine eingegangene Bewerbung eine kurze Sprachnachricht mit ein paar netten, persönlichen Worten des zukünftigen Vorgesetzten anhängst, sorgst du für positive Emotionen und stichst heraus. Die Nachricht kann ganz einfach mit der Diktier-App auf dem Handy aufgenommen werden und sollte nicht länger als eine Minute sein.

🔖 Auswahlprozess

#155 Suche Menschen, deren persönlicher Zweck sich mit eurem Unternehmenszweck vereinbaren lässt

Frage Kandidaten im Bewerbungsprozess nach ihren persönlichen, größeren Zielen im Leben. Lassen sich diese mit eurem Unternehmenszweck vereinbaren und ein Stück weit erfüllen? Dann können sie sehr gut passende Mitarbeiter sein.

🔖 Auswahlprozess

#156 Suche Personen, welche die wichtigste Eigenschaft laut Steve Jobs erfüllen

Steve Jobs war der Ansicht, dass eine einzige, wichtige Eigenschaft echte Macher von Träumern unterscheidet: Sich nicht lange von seinen aktuellen Erfolgen aufhalten zu lassen, sondern Erfolge schnell abzuhaken und sich direkt auf seine nächsten Ziele zu fokussieren. Sich also immer zu fragen: »Okay, was kommt als Nächstes?« Halte in Auswahlverfahren explizit Ausschau nach dieser Eigenschaft.

🔖 Auswahlprozess

#157 Prüfe Charaktereigenschaften vom Bewerber durch echte Erlebnisse

Wenn ein Bewerber im Vorstellungsgespräch über seine Charaktereigenschaften spricht, dann frage nach konkreten Geschichten und Erlebnisse aus seiner Vergangenheit, wo diese zur Geltung kamen. Daran wirst du die Eigenschaften viel besser nachvollziehen und validieren können.

🔖 Auswahlprozess

#158 Gehe im Bewerbungsgespräch die Via Negativa

Suche im Bewerbungsgespräch bewusst nach Gründen, um die Bewerberin abzulehnen. Das wird dir dabei helfen, echte A-Player zu finden. Denn wenn du keine Ablehnungsgründe finden kannst, dann ist sie oder er sehr wahrscheinlich ein guter Fit.

◆ Auswahlprozess

#159 Stelle die magische Frage im Vorstellungsgespräch

Egal, ob als Bewerber oder Chef – frage im Vorstellungsgespräch: »Angenommen, wir kommen zusammen und unterhalten uns in einem halben Jahr. Was soll sich dann verändert haben, sodass Sie sagen: ›Jawohl, das war eine gute Entscheidung‹?« Es ist Gold wert, dadurch schon vor der Einstellung für gegenseitiges Management von Zielen und Erwartungen zu sorgen.

◆ Auswahlprozess

#160 Nutze den 16-Personalities-Test zur Bewerberauswahl

Bitte Bewerber, durch den kostenfreien 16-Personalities-Test ihren Persönlichkeitstyp zu ermitteln und dir zu nennen. Das Ergebnis bietet eine top Grundlage für den weiteren Auswahlprozess und das Bewerbungsgespräch. Den Test findest du unter www.16personalities.com.

◆ Auswahlprozess

! **Desire: Deine 3 Aufgaben zum sofortigen Umsetzen**

- ☐ Bewirb dich einmal selbst anonym auf eine Stelle in deinem Unternehmen über eure Karriereseite. Notiere dir in jedem einzelnen Schritt des Bewerbungsprozesses, was du aus Bewerbersicht gut findest und was du optimieren wirst.
- ☐ Erinnere dich einmal an die letzten beiden Bewerbungsgespräche, die du geführt hast. Was lief gut und was würdest du daran heute optimieren. Schreibe dir drei Punkte auf, die du beim nächsten Mal besser machen wirst, und notiere sie dir als Erinnerung im Kalendereintrag deiner nächsten Interviews.
- ☐ Frage drei Mitglieder aus deinem Team, was ihnen beim Auswahlprozess der letzten beiden neuen Kollegen aufgefallen ist und was sie beim nächsten Mal noch besser machen würden. Nutze dieses Feedback zur Optimierung eures Prozesses.

6.4 Action: Den Sack zumachen

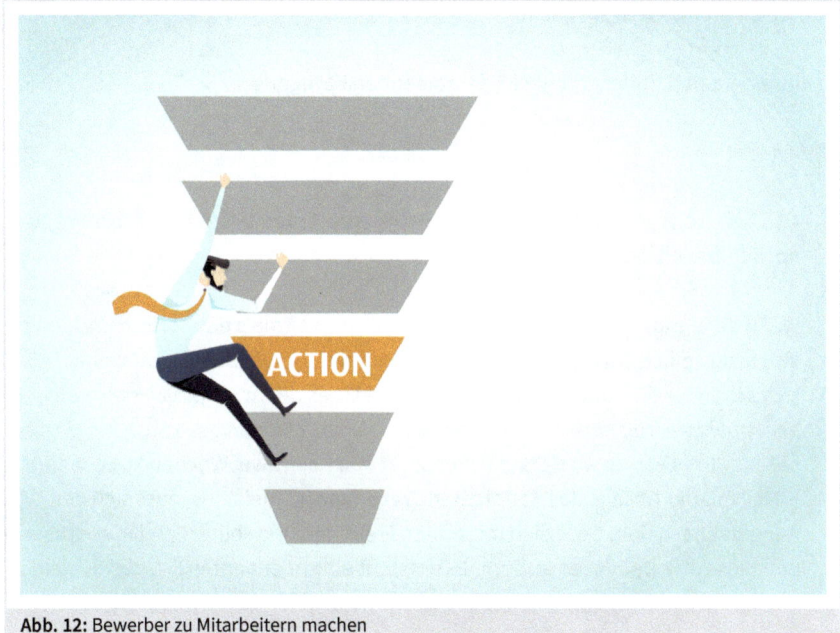

Abb. 12: Bewerber zu Mitarbeitern machen

Selbst wenn die klare Kaufintention vorhanden ist, kann immer noch einiges dazwischen kommen. Genauso ist es bei Kandidaten, die das Verlangen spüren, in deiner Firma starten zu wollen und die den gegenseitigen Auswahlprozess erfolgreich durchlaufen haben.

Ein Argument, das wir in unserem Start-up an dieser Stelle öfter gehört haben, war: »Wisst ihr, hier bei euch passt eigentlich alles perfekt. Euer Team ist grandios, ich liebe euer Produkt, eure Firma hat eine tolle Mission und ihr Gründer seid nette Typen. Ich habe allerdings mit meinen Freunden und meiner Familie gesprochen und die haben mir davon abgeraten, in einem Start-up anzufangen, weil die finanzielle Sicherheit in meiner aktuellen Firma ja doch etwas größer ist.«

Argh! Bevor es überhaupt zu solch einem Moment kommt, gilt es, den Sack zuzumachen, den Deal abzuschließen, den Arbeitsvertrag zu unterschreiben. Bei Bewerbern, bei denen auf beiden Seiten die Entscheidung füreinander gefallen ist, ist es unsere Aufgabe als Leader, diese Entscheidung so schnell wie möglich in die Tat umzusetzen.

Hinzu kommt das Risiko, dass Top-Bewerber oftmals mehrere Eisen gleichzeitig im Feuer haben. Sie sind in der Regel nicht nur mit einem einzigen Unternehmen in Kontakt, das sie gewinnen möchte. Selbst wenn alles sicher scheint, passiert es immer wieder, dass sie im letzten Moment doch noch abspringen. Deshalb helfen dir die Hacks in diesem Kapitel, Bewerbern im richtigen Moment das Angebot vorzulegen und sie zu *Mitarbeitern* zu machen.

In diesem Kapitel findest du Hacks der folgenden Kategorie:

🌶 Angebot

#161 Habe stets eine Vorlage des Arbeitsvertrags beim Bewerbungsgespräch bereitliegen

Wenn der Kandidat aus dem Interview geht, ist er oftmals euphorisch und sieht sich schon glücklich bei seinem neuen Arbeitgeber arbeiten. Eigentlich hat er sich schon für dich entschieden. Meistens heißt es dann: »*Okay, ich sende dir den Arbeitsvertrag nächste Woche zu. Wenn du noch Fragen dazu hast, melde dich bei mir.*« Der Vertrag wird erstellt, versandt und nach zwei Wochen kommt eine E-Mail mit der Absage des Kandidaten. Der Grund ist meistens, dass sich der Kandidat nach dem Gespräch mit seinen Freunden und seiner Familie austauscht und diese ihre Bedenken äußern. Es entsteht ein sogenanntes *Entscheidungsflimmern*. Und am Ende entscheidet er sich womöglich für den vermeintlich sicheren Weg und wechselt nicht zu dir.

Es gilt also, noch im Vorstellungsgespräch den positiven Drive zu nutzen und den Kandidaten zu fragen, ob er es sich vorstellen kann, bei dir zu arbeiten. Wenn alles passt, biete dem Kandidaten daher sofort einen Vertrag an: »*Ich bin überzeugt, dass wir gut zusammenpassen. Lass uns doch direkt Nägel mit Köpfen machen. Wenn du magst, bereite ich den Arbeitsvertrag jetzt vor und wir gehen ihn direkt gemeinsam durch.*«

Habe für diesen Fall immer eine Vertragsvorlage zur Hand, in der dann nur noch ein paar Daten, wie das Eintrittsdatum, Gehalt, Urlaubstage etc. eingetragen werden. Der Vertrag kann also innerhalb von fünf Minuten erstellt und ausgedruckt werden. Gehe ihn gemeinsam mit dem Kandidaten durch. In den meisten Fällen entscheidet sich der Kandidat dann auch direkt zu unterschreiben. Wenn er nicht sofort unterschreiben möchte, erfährst du auf jeden Fall, wo seine letzten Bedenken liegen und kannst diese noch auflösen, um ihn zu überzeugen.[28]

🌶 Angebot

---

28 https://machen.fm/recruiting/4690/kandidaten-ueberzeugen-tipps

#162 Lege zum Arbeitsvertrag einen handgeschriebenen Brief des Chefs bei

Ein handgeschriebener Brief des Chefs als Anlage zum Arbeitsvertrag wirkt sehr wertschätzend und motivierend auf Kandidaten.

⚡ Angebot

#163 Arbeite mit Verknappung, um zur Unterschrift zu kommen

Was im Verkauf funktioniert, ist auch bei der Unterschrift des Arbeitsvertrags sehr wirksam. Händige der Bewerberin den Arbeitsvertrag zur Unterschrift aus und vermerke darin, dass dieses Angebot nur bis zum übermorgigen Datum gilt und danach nichtig wird. Solch eine Verknappung führt erfahrungsgemäß zu einer signifikant höheren und schnelleren Abschlussquote. Bewerber, die diese Frist verstreichen lassen und zu lange zögern, hättest du wahrscheinlich ohnehin nicht unbedingt in deinem Team haben wollen …

⚡ Angebot

#164 Spare Zeit bei der Visumbeschaffung für ausländische Bewerber

Spezialisierte Agenturen wie start-relocation.com in Berlin helfen bei der Beschaffung des Visums und nehmen dir den bürokratischen Aufwand ab. Meist dauert dieser Prozess um die drei Monate. Es gibt auch Online-Plattformen wie das Hamburger Start-up localyze.de, die versprechen, viel Bürokratie abzunehmen und für einen schlanken Prozess zu sorgen.

⚡ Angebot

#165 Mache glasklares Erwartungsmanagement zur Probezeit vor der Einstellung ausländischer Mitarbeiter

Die Einstellung einer Person aus dem Ausland geht mit Risiken einher. Eventuell merkst du nach einiger Zeit, dass Qualifikation und Erfahrung nicht deinen Erwartungen entsprechen. Oder die Integration des neuen Mitarbeiters in dein bestehendes Team fällt aufgrund kultureller Unterschiede oder sprachlicher Barrieren schwer. Motivation und Arbeitsmoral des Mitarbeiters können plötzlich nachlassen, wenn er merkt, dass er sich mit Land und Leuten nicht wohlfühlt. Im Zuge des Erwartungsmanagements ist es deshalb wichtig, dem neuen Mitarbeiter von Anfang an die besondere Bedeutung der Probezeit klarzumachen. Ihm muss bewusst sein, dass das Arbeitsverhältnis während der Probezeit jederzeit von beiden Seiten kurzfristig gekündigt werden kann, mit allen daraus für ihn resultierenden persönlichen Folgen, wie die Rückkehr in sein Heimatland.

⚡ Angebot

#166 Biete dem aktuellen Arbeitgeber deines Wunschkandidaten die Übernahme der Kündigungsfrist-Gehälter an

Biete Top-Kandidaten mit langer Kündigungsfrist an, dass du seinem aktuellen Arbeitgeber alle Monatsgehälter seiner Kündigungsfrist bezahlst, sodass er sofort gehen und zu dir wechseln darf. Dies kannst du auch bereits in der Stellenausschreibung öffentlich anbieten.

⚡ Angebot

#167 Mache ein gutes Pre-Boarding nach Vertragsunterschrift

Nachdem der Arbeitsvertrag unterschrieben ist, vergehen meist noch einige Wochen bis Monate, bis die Bewerberin tatsächlich ihren neuen Job bei dir antritt. In dieser Zeit kann viel passieren. Nicht selten kommt es vor, dass Bewerber es sich plötzlich anders überlegen und den Vertrag noch vor dem Start wieder kündigen. Das solltest du durch ein gutes Pre-Boarding verhindern. Dazu gehört zum Beispiel, die zukünftige Mitarbeiterin bereits zu Firmenevents einzuladen, regelmäßig mit ihr zu sprechen, ihr zwischendurch mal ein paar Neuigkeiten zu schicken, ihr bereits Material zur Einarbeitung und zum Onboarding bereitzustellen sowie sie zu Team-Mittagessen einzuladen.

⚡ Angebot

> **! Action: Deine 3 Aufgaben zum sofortigen Umsetzen**
> - Überprüfe einmal die Länge eures Prozesses von der Erstellung bis zur Unterschrift eines Arbeitsvertrags. Definiere drei konkrete Stellen, an denen du den Prozess in den nächsten vier Wochen weiter systematisieren und standardisieren wirst.
> - Erarbeite zwei Maßnahmen, wie du trotz Standardisierung des Unterzeichnungsprozesses die positiven Emotionen und die Vorfreude beim Bewerber in der Zeit zwischen der Entscheidung zur Unterschrift und dem ersten Arbeitstag aufrechterhältst.
> - Durch welche einfache Maßnahme kannst du auch die Familie deines Bewerbers während des gesamten Prozesses für dein Unternehmen begeistern? Notiere dir eine Sache, die du in Zukunft anwenden wirst.

6.5 Loyalty: Eine nachhaltige Bindung aufbauen

Abb. 13: Aus neuen Mitarbeitern langfristige und loyale Kollegen machen

Wenn der Arbeitsvertrag unterschrieben ist und der erste gemeinsame Tag ansteht, beginnt eine sehr kritische Phase. Die erste Zeit des neuen Mitarbeiters in deiner Firma ist eine der wichtigsten, um ihn vom einfachen Mitarbeiter zum *langfristigen und loyalen Mitarbeiter* werden zu lassen. Dazu gehört neben dem Nutzen der Probezeit auch ein perfektes und nachhaltiges Onboarding. Der erste Eindruck zählt.

In der darauffolgenden Zeit werden dann die Themen Führung und Motivation zu Stützpfeilern für eure langfristige und gute Beziehung mit einer tiefen gegenseitigen Bindung. Auch hier spielt deine Rolle als Führungskraft eine zentrale Rolle. Dementsprechend umfasst dieses Kapitel unter anderem Hacks, die dir dabei helfen, deine eigene persönliche Entwicklung als Führungskraft sowie deinen Personal Brand noch weiter voranzutreiben.

Neue Mitarbeiter sind ab dem ersten Tag potenzielle Multiplikatoren und Botschafter in der Szene für – oder eben gegen – dein Unternehmen. Dementsprechend ist der erste Eindruck, sind die ersten Tage, Wochen und Monate so unglaublich wichtige und kritische Momente. Hier musst du auf allen Ebenen glänzen – bei Faktoren wie der Qualität des Onboardings und der Benefits in deiner Firma, aber auch bei qualitativen

Eigenschaften, wie deinen Fähigkeiten zur Führung, zur Motivation und zum Teambuilding.

Mir war es immer ein großes Anliegen, dass ich als Führungskraft einen neuen Mitarbeiter von der ersten Sekunde an in meinem Team persönlich betreut habe. Den ersten Tag des Onboardings habe ich als Chef mit der neuen Mitarbeiterin verbracht. Dabei ging es vor allem darum, ihr ihre Mission, Rolle und Bedeutung für das gesamte Team und die gesamte Firma zu verdeutlichen. Ich wollte immer, dass neue Mitarbeiter nach dem ersten Tag mit einem großen Motivationsschub nach Hause gehen, ihrer Familie begeistert von ihrem neuen Job erzählen und wissen: »*Hier anzufangen war die richtige Entscheidung.*«

Ich verstehe nicht, wie ich es immer wieder von Unternehmen mitbekomme, dass neue Mitarbeiter ihren ersten Tag haben – und keiner fühlt sich für sie verantwortlich, der Chef ist nicht im Hause, die IT ist noch nicht vorbereitet und der neue Kollege verbringt die ersten Tage damit, sich erst einmal alle Infos selbst zusammen zu sammeln und seinen Computer einzurichten. Welch eine vertane Chance, zum Mitarbeiter-Magneten zu werden!

In diesem Kapitel findest du Hacks der folgenden Kategorien:

- Auswahlprozess
- Onboarding
- Benefits
- Führung
- Motivation
- Teambuilding
- Personal Branding
- Persönliche Entwicklung

#168 Nutze die Probezeit klug

Sei dir darüber bewusst, dass beide Seiten einen Vertrag geschlossen haben, der vorsieht, dass sie einige Zeit lang ausprobieren, ob sie eine Langzeitpartnerschaft

6.5   Loyalty: Eine nachhaltige Bindung aufbauen

eingehen wollen. Die Probezeit ist eine faire Sache für beide Seiten und sollte voll ausgenutzt werden. Wenn eine Seite während der Probezeit beschließt, zu gehen, ist es besser für beide Seiten.

🖋 Auswahlprozess

🎧 *Machen! Podcast 54*[29]

#169 Arbeite mit der *Erwartungsliste* während der Probezeit

Stecke eine Liste mit klaren Erwartungen und Zielen bereits vor der Einstellung mit der neuen Mitarbeiterin ab. Checke dann in festen Intervallen (2 Wochen, 8 Wochen, 12 Wochen, 16 Wochen) gemeinsam mit ihr, wie gut die Erwartungen erfüllt werden.

🖋 Auswahlprozess

#170 Mache *problemorientierte Gespräche 1 und 2*, wenn Erwartungen nicht erfüllt sind

Sobald du während der Probezeit merkst, dass eine Erwartung nicht erfüllt wird, lade den Mitarbeiter zum *problemorientierten Gespräch 1* ein: Hierin steckt ihr

---

29   https://machen.fm/54

den Zeitrahmen ab, bis zu dem die Erwartung erfüllt sein muss. Es findet dann das *problemorientierte Gespräch 2* statt: Ist die Erwartung dann erfüllt, bleibt der Mitarbeiter, ist sie immer noch nicht erfüllt, wird das Arbeitsverhältnis beendet.

⚡ Auswahlprozess

#171 Profitiere von einer kürzeren Probezeit als 6 Monate

Du kannst eine kürzere Probezeit als die in Deutschland üblichen 6 Monate im Arbeitsvertrag vereinbaren. Der Clou: 6 Monate ist der gesetzliche Zeitraum, nach dem das Kündigungsschutzgesetz greift. Ab Monat 7 fällt der Mitarbeiter unter den Kündigungsschutz – das Ganze ist aber unabhängig von der Probezeit. Wenn im Arbeitsvertrag zum Beispiel nur 3 Monate Probezeit vereinbart sind, hast du die Möglichkeit, zu beobachten, wie sich der Mitarbeiter verhält, wenn er aus der Probezeit heraus ist – hast aber trotzdem noch die Möglichkeit, ihm schnell und einfach zu kündigen. Wichtig ist dafür, dass eine kürzere Kündigungsfrist während der ersten 6 Monate im Vertrag vereinbart ist (z. B. 2 Wochen).

⚡ Auswahlprozess

🎧 *Machen! Podcast 144* mit Christina Linke, Anwältin für Arbeitsrecht[30]

---

30 https://machen.fm/144

#172 Verlängere die Probezeit, um einem Mitarbeiter mehr Zeit zu geben, sich zu bewähren

Es gibt die Möglichkeit, die Probezeit zu verlängern: Kurz vor Ablauf der in Deutschland üblichen 6 Monate sprichst du eine Kündigung mit »überschießender Kündigungsfrist« aus. Statt 2 Wochen Kündigungsfrist kündigst du zu einem Termin in 3 Monaten. Damit kannst du den Mitarbeiter weiter testen und ihm eine weitere Chance geben, sich zu bewähren. Wenn der Mitarbeiter sich positiv entwickelt, wird einvernehmlich die Kündigung wieder zurückgenommen.

✦ Auswahlprozess

#173 Lasse Kolleginnen bei der Frage über das Bestehen der Probezeit mitentscheiden

Die Entscheidung, ob eine Person ins Team passt und ein »guter Hire« war, können direkte Kollegen und Teammitglieder am besten beurteilen. Mache deshalb das Bestehen der Probezeit auch von deren Einschätzung abhängig.

✦ Auswahlprozess

#174 Mache mit neuen Mitarbeiterinnen jeden Freitag ein Wochen-Stand-up

Neue Mitarbeiter brauchen in den ersten 3 Monaten eine besondere Betreuung, damit Erwartungen geschärft und das Onboarding erfolgreich werden. Deshalb: Mache in dieser Zeit jeden Freitag ein 1-on-1 Stand-up mit den Fragen: *Wie war diese Woche für dich? Welche Blocker siehst du gerade? Was sind deine Gedanken für die nächste Woche?*

✦ Onboarding

#175 Kommuniziere allen Kollegen die *DISG-Persönlichkeitsfarbe* eines neuen Mitarbeiters

Finde gemeinsam mit einem neuen Mitarbeiter heraus, welche Farbe (= welcher Persönlichkeitstyp) des *DISG-Modells*, das auf eine Arbeit des US-Psychologen

William Moulton Marston im Jahr 1928 zurückgeht[31], er ist. Kommuniziere dies dann dem gesamten Team. So können sich alle auf den Charakter der neuen Person einstellen, wissen ihr Handeln einzuschätzen und wie sie mit ihr kommunizieren müssen. Ein alternatives Tool mit einem einfachen Online-Test zur Persönlichkeitsbestimmung ist *16-Personalities*[32].

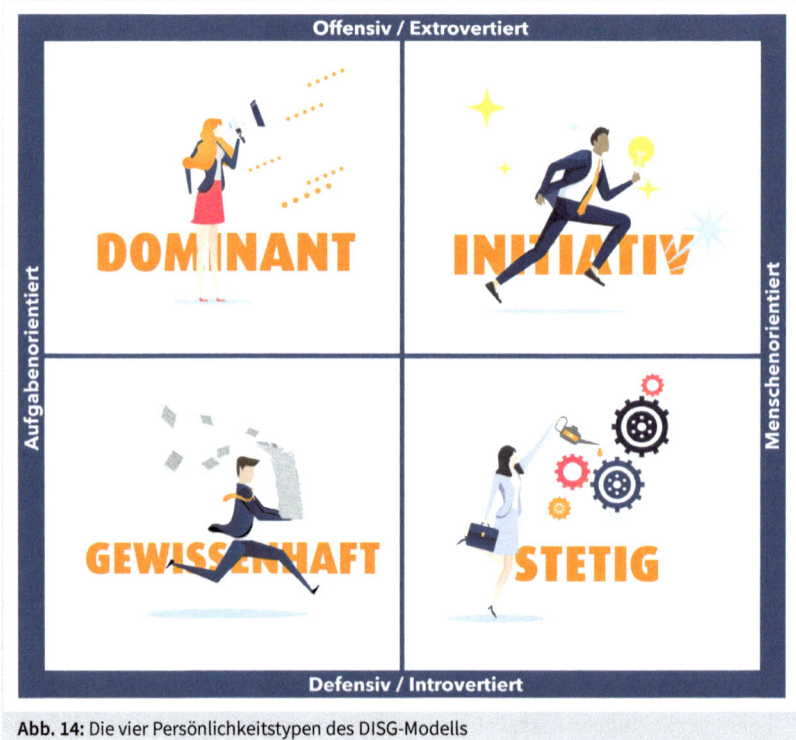

Abb. 14: Die vier Persönlichkeitstypen des DISG-Modells

🖊 Onboarding

#176 Unterstütze bei der Integration ausländischer Mitarbeiter

Es ist im Interesse aller, dass der Mitarbeiter die Probezeit übersteht, sich im neuen Land und in deiner Firma wohlfühlt, eine gute Arbeitsleistung erbringen kann und am Sozialleben teilhat. Hierbei solltest du unterstützen. So kannst du für die ersten Wochen nach seiner Ankunft ein Hotelzimmer oder Apartment auf Firmenkosten zur Verfügung stellen, damit er ausreichend Zeit hat, sich eine geeignete Wohnung

---

31 https://archive.org/details/emotionsofnormal032195mbp/
32 https://www.16personalities.com/de

6.5 Loyalty: Eine nachhaltige Bindung aufbauen

zu suchen. Auch kannst du dem Mitarbeiter einen Makler für die Wohnungssuche zur Seite stellen. Um das Knüpfen persönlicher Kontakte zu fördern, ist es sinnvoll, dem neuen Mitarbeiter einen Sprachkurs anzubieten. Die Integration in deine bestehende Belegschaft gelingt am besten durch gemeinsame Team-Events. Wie wäre es zum Beispiel mit einem Kochkurs, bei dem der Neuankömmling gemeinsam mit seinen Kollegen Rezepte aus seinem Heimatland zubereitet?

✒ Onboarding

#177 Nutze den kritischen Moment des ersten Arbeitstages richtig

Am ersten Arbeitstag werden die Weichen für die gemeinsame Zukunft gestellt. Denke daran: Die neue Mitarbeiterin freut sich, hat gegebenenfalls ihren alten Job für deine Firma aufgegeben, sie ist aufgeregt und motiviert. Nutze diese Magie des ersten Tags! Sensibilisiere dein Team dafür, die neue Kollegin mit offenen Armen zu empfangen. Nimm sie persönlich in Empfang. Sage ihr, sie solle dir gleich Feedback geben, wenn ihr irgendetwas auffällt. Arbeite sie persönlich ein und mache gutes Erwartungsmanagement zu deinem Führungsstil.

✒ Onboarding

🎧 *Machen! Podcast 84*[33]

---

[33] https://machen.fm/84

#178 Mache neuen Leuten am ersten Tag den Sinn ihrer Arbeit klar

Erkläre neuen Mitarbeitern direkt am ersten Tag das Warum ihrer Rolle im Unternehmen. Was ist ihre persönliche Vision und Mission im Kontext des gesamten Unternehmens?

⚡ Onboarding

#179 Vermittle am ersten Tag die Werte deines Unternehmens und mache Erwartungen klar

Erkläre neuen Mitarbeitern am ersten Tag, welche Werte beziehungsweise Core Values du in ihrer täglichen Arbeit von ihnen erwartest. Wichtig: Lebe auch selbst ausnahmslos diese Werte vor. Der Geschäftsführer, Inhaber oder Teamleader ist *das* Vorbild fürs Leben der Unternehmenswerte. Deine Mitarbeiter werden genau so handeln wie du.

⚡ Onboarding

#180 Mache die *Service-Übung* mit neuen Mitarbeitern

Mache mit deinen neuen Leuten am ersten Tag diese Gruppenübung: Lasse jeden eine Erfahrung mit schlechtem Service nennen, die er in den letzten Wochen erlebt hat – und eine Erfahrung mit sehr gutem Service. Lasse sie genau erklären, was und warum der Service jeweils gut oder schlecht war. So schärfst du das gemeinsame Verständnis in deinem Team, was die Erwartungen an guten Service und gute Zusammenarbeit sind.

⚡ Onboarding

#181 Motiviere neue Leute zu einem *Pull-Verhalten*

Ermuntere neue Leute ab der ersten Sekunde, jederzeit Fragen oder Feedback anzusprechen. Lasse sie wissen, dass sie mit dir über alles ganz offen sprechen können.

⚡ Onboarding

#182 Kommuniziere alle wichtigen Kontakte innerhalb der Firma

Gib neuen Leuten am ersten Tag eine Liste mit Namen und Kontaktdaten aller wichtigen Personen in der Firma, die sie zu bestimmten Themen kontaktieren können, egal ob inhaltlich oder organisatorisch.

✦ Onboarding

#183 Erstelle ein durch Mitarbeiter gepflegtes *Onboarding-Wiki*

Lasse die zuletzt in deiner Firma neu eingestellte Mitarbeiterin eine Wiki-Seite (beispielsweise im Tool *Confluence* oder als *Google Doc*) erstellen, in das sie alle Infos schreibt, die für sie in den ersten Tagen in der Firma wichtig waren und die sie gerne sofort gewusst hätte. Diese Seite dient den nächsten neuen Leuten zur Orientierung. Der Trick: Lasse neue Leute diese Seite immer weiter vervollständigen und mit wichtigen Infos füllen. So wächst diese Seite nach und nach immer weiter an und bietet ein vollständiges Onboarding-Wiki.

✦ Onboarding

#184 Gib neuen Leuten eine Liste an Literatur und Medien zum Durcharbeiten

Durch Fachliteratur, Videos, Blogbeiträge, Bücher, Zeitungsartikel, die dich ansprechen und die du über die Zeit gesammelt hast, bringst du neue Leute dazu, ihre Fähigkeiten zu erweitern und dein Mindset zu teilen.

✦ Onboarding

#185 Veranstalte 10-minütige *Over-the-Shoulder*-Treffen zum Onboarding

Lasse einen neuen Mitarbeiter in den ersten Arbeitswochen Over-the-Shoulder-Treffen für jeweils 10 Minuten mit jedem einzelnen Teammitglied machen. So lernen sich alle persönlich kennen und der neue Mitarbeiter erfährt, was die jeweiligen Aufgaben aller anderen sind. Außerdem wird das Eis gebrochen, Namen werden schneller gelernt und Kontakte werden geknüpft.

✦ Onboarding

#186 Gib Mittagessen-Gutscheine an neue Mitarbeiter aus

Gib der neuen Mitarbeiterin so viele Mittagessen-Gutscheine für zwei Personen zum Einstand aus, wie sie Kollegen im Team hat. Diese kann sie nutzen, um jeden Tag eine andere Kollegin zum Mittagessen einzuladen und sie persönlich kennenzulernen.

✏ Onboarding

#187 Stelle jedem neuen Mitarbeiter einen *Buddy* zur Seite

Ernenne einen langjährigen Mitarbeiter zum offiziellen *Buddy* beziehungsweise Mentor des neuen Kollegen. Der Buddy hat die Aufgabe, Ansprechpartner für jegliche Fragen zu sein. Grundsätzlich geht es hierbei eher um organisatorische als um fachliche Themen.

✏ Onboarding

#188 Hole tägliches Feedback ein durch Besuche am Platz

Gehe in den ersten Wochen jeden Tag einmal bei der neuen Mitarbeiterin am Platz vorbei und frage nach Feedback. Auch eine schöne Geste: Eine tägliche »Getränkebestellung« von deinen Mitarbeitern aufzunehmen und einen Drink an den Platz zu liefern.

✏ Onboarding

#189 Gib die erste Einweisung in Prozesse und Tools persönlich

Zeige dem neuen Mitarbeiter, dass du engagiert bist, ihn einzuarbeiten, und gib die erste Einführung in Prozesse und Tools persönlich. Für tiefergehende Onboardings übergib einem bestimmten anderen Teammitglied die klare Verantwortung dafür.

✏ Onboarding

#190 Lasse euren *Code of Conduct* von jeder neuen Mitarbeiterin unterschreiben

Erstelle gemeinsam mit deinem Team einen *Code of Conduct*, der die 10 Spielregeln und Werte auflistet, nach denen ihr in deiner Firma miteinander arbeiten wollt. Sprich diese Regeln mit jedem Bewerber während des Prozesses durch und lasse sie alle Mitarbeiter bei ihrer Einstellung als symbolischen Akt unterschreiben.

✦ Onboarding

#191 Lasse zufriedene Kunden deine neuen Mitarbeiter onboarden

Nimm eine neue Mitarbeiterin in ihren ersten Tagen mit zu einem besonders glücklichen eurer Kunden. Lasse den Kunden erzählen, warum er euer Produkt gerne nutzt, welches Problem ihr für ihn löst und warum er so zufrieden mit euch ist. Diese authentischen Kunden-Argumente und die schönen Eindrücke werden deine neue Mitarbeiterin nachhaltig beflügeln und motivieren.

✦ Onboarding

#192 Lasse neue Mitarbeiter eine 5-Minuten-Präsentation über ihr privates Lieblingsthema halten

Lasse jeden neuen Mitarbeiter eine kurze 5-Minuten-Präsentation vor dem Team über sein nischigstes Hobby oder seinen Lieblings-Sportverein halten. Das schweißt zusammen, sorgt für ein gutes Ankommen im Team und eine schnelle emotionale Verbindung. Alle lernen sofort ein Stück der Persönlichkeit – und nicht zuletzt den Namen – des neuen Kollegen kennen.

✦ Onboarding

#193 Lasse neue Leute euer Team-Poesie-Album ausfüllen

Lege ein Poesie-Album für dein Team an – ganz wie damals in der Schule. Alle Teammitglieder tragen sich darin ein. Jeder neue Mitarbeiter bekommt das Album am ersten Tag in die Hand, kann darin stöbern und so die anderen auf lustige Art kennenlernen. Er füllt selbst eine Seite über sich aus und klebt sein Bild ein.

⚡ Onboarding

🎧 *Machen! Podcast 230* mit Daniel Singh, Gründer & Geschäftsführer von Concrete Jungle[34]

#194 Erstelle für Mitarbeiter in neuer Rolle einen Personal Development Plan in 3 Schritten

Wenn eine neue Mitarbeiterin in dein Team kommt oder auf eine neue Position befördert wurde, erarbeite gemein mit ihr einen Personal Development Plan für die kommenden 6 Monate, sodass gegenseitige Erwartungen frühzeitig geklärt sind und eine klare Roadmap entsteht, um ihre Fähigkeiten für die neue Rolle weiterzuentwickeln. Du selbst befindest dich dabei in einer Rolle als Coach, während die Mitarbeiterin ihre Schritte des Plans größtenteils selbst festlegt:

1. Wohin muss die Person ihre Fähigkeiten entwickeln, um die Ziele der Rolle perfekt zu erfüllen? Notiert diese konkreten Lernziele.

---

34 https://machen.fm/230

2. Durch welche Maßnahmen können diese Lernziele konkret erreicht werden? Was muss die Person dafür tun, was du, was das Unternehmen?
3. Definiert klare SMART-Ziele, welche der Maßnahmen bis wann, durch wen, wodurch messbar, umgesetzt sein werden.

🔖 Onboarding

#195 Nutze QR-Codes an Geräten, um neuen Leuten die Bedienung zu erklären

Ein simpler wie genialer Kniff, um neuen Teammitgliedern die Bedienung von Drucker, Kaffeemaschine und Co. zu erleichtern: Bringe einen QR Code mit Link zum kurzen Anleitungsvideo in der internen Schulungsplattform an den Geräten an.

🔖 Onboarding

🎧 *Machen! Podcast 525* mit Pia Tischer, Geschäftsführerin der coveto ATS GmbH[35]

---

35 https://machen.fm/525

#196 Gewähre Mitarbeitern mehr Urlaub bei weniger Krankheit

Gewähre deinen Mitarbeitern einen Urlaubsbonus, der desto größer ausfällt, je weniger Krankheitstage sie haben. Ein Modell kann zum Beispiel sein: »Nächstes Jahr erhält jeder im Team 10 zusätzliche (freiwillig gewährte) Urlaubstage minus seiner Krankheitstage in diesem Jahr.« Damit senkst du gleichzeitig den Anreiz zu »Fake-Krankheitstagen«.

 Benefits

#197 Vermeide es, Zertifikate oder Zeugnisse für Weiterbildungen, Trainings oder Seminare auszustellen

Stelle Mitarbeiterinnen, die an von deiner Firma organisierten Weiterbildungen teilgenommen haben, keine Teilnahmezertifikate oder Zeugnisse dafür aus. Solche Dokumente können die Wechselbereitschaft von Mitarbeitern erhöhen und erleichtern das Verlassen deiner Firma.

 Benefits

#198 Gewähre *Joker-Tage* statt Urlaubstage

Gewähre jeder Mitarbeiterin zum Beispiel zwei *Joker-Tage* pro Jahr. Diese Tage kann sie ganz frei und spontan in Anspruch nehmen, wenn sie mal nicht zur Arbeit kommen möchte. Dadurch reduzierst du Fake-Krankheitstage. Außerdem sind solche Joker-Tage ein schönes Instrument fürs Employer-Branding, das beim Recruiting hilfreich ist, da sie Kandidaten Freiheit und Selbstverantwortung in deiner Firma vermitteln.

 Benefits

 Machen! Podcast 144 mit Christina Linke, Anwältin für Arbeitsrecht[36]

---

36 https://machen.fm/144

#199 Händige neuen Mitarbeitern ein *Wiki* über deinen Charakter aus

Händige neuen Mitarbeitern im Zuge des Bewerbungsprozesses ein kleines Wiki oder FAQs über dich aus, die die wichtigsten Eigenschaften und Eigenheiten von dir als Führungskraft zusammenfassen. Dies sorgt für klare Transparenz und gutes Erwartungsmanagement. Zum Beispiel kann darin enthalten sein: »*Ich arbeite auch am Wochenende und werde dich auch mal am Wochenende anrufen. Ich erwarte nicht von dir, dass du abnimmst.*«

◆ Führung

🎧 *Machen! Podcast 61* mit Philipp Baumgaertel, Mitgründer & CEO von Cherrydeck[37]

---

37 https://machen.fm/61

#200 Schenke deinen Mitarbeiterinnen deine Lieblingsbücher mit Textmarkierungen

Welche Bücher haben dich bewegt und nach vorne gebracht? Schenke deinen Mitarbeiterinnen jeweils ein Exemplar davon. Tipp: Markiere die für dich wichtigsten Stellen in allen Exemplaren für deine Mitarbeiter. So wissen deine Leute, was dir wichtig ist und was sie von dir zu erwarten haben.

✦ Führung

#201 Nutze den *Entscheidungs-Quadranten* für Erwartungsmanagement im Team

Kommuniziere deinem Team mithilfe der 2x2-Entscheidungsmatrix frühzeitig deine Erwartungen dazu, wie welche Art von Entscheidungen bei euch getroffen werden:
1. ICH: Diese Entscheidungen treffe ich als Führungskraft.
2. ICHplus: Diese Entscheidungen treffe ich, aber hole mir vorher Input von anderen ein.
3. WIR: Diese Entscheidungen treffen wir demokratisch.

6.5 Loyalty: Eine nachhaltige Bindung aufbauen

4. IHR: Diese Entscheidungen fällt ihr als Team und ich füge mich eurer Entscheidung.

⚡ Führung

🎧 *Machen! Podcast 95* mit Michael Portz, Mitgründer der CoA Academy[38]

#202 Lebe Transparenz, um Akzeptanz für harte Entscheidungen zu ernten

Wenn du transparent erklärst, wie und warum du zu bestimmten Entscheidungen gekommen bist, wird dir dein Team größeres Verständnis auch für schwierige und unpopuläre Entscheidungen entgegenbringen.

⚡ Führung

---

38 https://machen.fm/95

#203 Institutionalisiere Feedback-Termine

Neben unmittelbarem Feedback sind regelmäßige und institutionalisierte Feedbackgespräche immens wichtig. Lege quartalsweise, wöchentliche, monatliche oder sogar tägliche Termine bereits lange im Voraus fest, sodass Mitarbeiter mit ihnen rechnen können und Sicherheit haben.

⚡ Führung

#204 Nutze die *Start-Stop-Keep-Technik* für Feedback

Nutze in Feedbackgesprächen die Start-Stop-Keep-Technik. Äußere gegenüber deinem Mitarbeiter zu jedem der folgenden 3 Punkte jeweils mindestens einen Wunsch. Start: Was soll er zukünftig tun? Stop: Was soll er zukünftig nicht mehr tun? Keep: Welches Verhalten soll er beibehalten? Bitte den Mitarbeiter, auch dir jeweils seine Punkte nennen: Was sollst du als seine Führungskraft starten, stoppen oder beibehalten.

⚡ Führung

🎧 *Machen! Podcast 86*[39]

[39] https://machen.fm/86

#205 Gib Feedback mit der *Methode der 3 W's*

Wenn du Feedback gibst, formuliere es in Form deiner Wahrnehmung (»*Ich habe den Eindruck, du kommst jeden Morgen eine Stunde zu spät*«), der Wirkung (»*Das lässt in mir das Gefühl entstehen, dass du respektlos handelst*«) und deines Wunsches (»*Ich würde mir wünschen, dass du pünktlich kommst*«).

✦ Führung

#206 Nutze Teammeetings ausschließlich dafür, das positive Mindset deines Teams zu schärfen

Nutze Teammeetings ausschließlich zur Besprechung positiver Themen und zur Motivation des Teams. Kritik und Zahlen sollten ausschließlich in Vieraugengesprächen besprochen werden.

✦ Führung

#207 Entscheide dich bei der Zusammenarbeit mit schwierigen Mitarbeitern: Akzeptanz oder Trennung?

Bei Charaktereigenschaften bestimmter Mitarbeiter, die dir nicht zusagen, musst du dich entweder bewusst dazu entscheiden, sie zu akzeptieren und damit professionell zu arbeiten – oder dich von diesem Mitarbeiter zu trennen. Jeder Zustand dazwischen ist zermürbend für dich sowie deinen Mitarbeiter und wirkt nachteilig für deine Firma. »Handle or disconnect!«, würde der Amerikaner sagen.

✦ Führung

#208 Nutze Elemente der *gewaltfreien Kommunikation*

Elemente der *gewaltfreien Kommunikation*[40] können wichtige Säulen deiner Kommunikation mit Mitarbeiterinnen sein. Äußere beispielsweise kritisches Feedback in Form von Wünschen: »*Ich wünsche mir von dir, dass …*«

✦ Führung

---

40 https://de.wikipedia.org/wiki/Gewaltfreie_Kommunikation

#209 Markiere das Meeting-Ziel im Meeting-Titel nach dem *DEI-Schema*

Schreibe in den Meeting-Titel der Kalender-Einladung einen oder mehrere der Buchstaben »D«, »E« oder »I«. So sorgst du für gutes Erwartungsmanagement bei allen Teilnehmerinnen hinsichtlich dessen, was im Meeting passieren soll. *D* steht für Diskussion. *E* steht für Entscheidung. *I* steht für Information. Ein Beispiel: *Abstimmung zum weiteren Vorgehen mit unserem Kunden Müller (D, E)*

⚡ Führung

🎧 *Machen! Podcast 120* mit Alexander Benedix, Gründer von Fit for Leadership[41]

#210 Gewinne Vertrauen, indem du für abwesende Menschen eintrittst

Eine der mächtigsten Möglichkeiten, deine Integrität zu stärken, besteht darin, den Menschen gegenüber loyal zu sein und für diejenigen einzutreten, die nicht anwesend sind. Damit gewinnst du umgehend das Vertrauen der Anwesenden.

⚡ Führung

---

41 https://machen.fm/120

#211 Kommuniziere regelmäßig kurze Updates per Videonachricht bei Remote-Teams

Tägliche oder wöchentliche Kommunikation vom Management an das Team sind wichtige Stützpfeiler für Remote-Teams. Nutze dafür kurze Videobotschaften. Der Vorteil: Diese sind viel kontrollierbarer als Flurfunk- oder 1:1-Chat-Kommunikation und sorgen gleichzeitig für eine sehr persönliche Art der Kommunikation, die alle Mitarbeiter gleichermaßen erreicht.

✦ Führung

#212 Singe »Happy Birthday« im Kopf, um Menschen Zeit zum Nachdenken zu geben

Zuhören zu können, ist eine der wichtigsten Eigenschaften als gute Führungspersönlichkeit. Dazu gehört, Menschen ausreichend Zeit zum Nachdenken zu geben. Der Trick: Singe im Stillen für dich einmal »Happy Birthday«, nachdem du eine Frage gestellt hast. So schaffst du es mit Leichtigkeit, etwa 15 Sekunden lang nichts zu sagen und deinen Teammitgliedern Raum zum Nachdenken und Formulieren ihrer Antworten zu geben.

✦ Führung

#213 Mache Meetings kurz durch die 2-Pizzen-Regel

Jeff Bezos, Gründer von Amazon, schwört auf die »2-Pizzen-Regel«, um Meetings so kurz wie möglich zu halten. Sie lautet ganz einfach:
1. Unsere Meetings sollten immer so kurz sein, dass die gesamte Gruppe in der Zeit genau zwei Pizzen aufessen kann. Also: Je mehr Teilnehmer, desto kürzer. Dauert's länger, wird es unproduktiv.
2. Wir leiten Meetings immer mit einer stillen Lesezeit ein, in der die Teilnehmer den Sachverhalt verinnerlichen, Notizen machen und sich Lösungen durch den Kopf gehen lassen, bevor die Diskussion beginnt. So haben wir sofort die Aufmerksamkeit aller Anwesenden und verschwenden keine Zeit.

✦ Führung

#214 Überzeuge Menschen mit der »Was wäre wenn nicht?«-Frage

Menschen davon überzeugen zu wollen, gerne ein Risiko bei einer Entscheidung einzugehen, ist nicht immer erfolgreich. Anstatt nur die möglichen positiven Resultate aus einer Entscheidung aufzuzählen, nutze zudem die »Was wäre, wenn wir es nicht machen würden?«-Frage. Zeichne auch ein Bild, wie eure Zukunft im negativen Sinne aussehen könnte, wenn ihr das Risiko nicht eingeht, z. B.: »Dann werden wir sagen: ›Hätten wir es doch einfach ausprobiert. Jetzt ist der Zug leider abgefahren und es ist zu spät oder zu teuer …‹«

⚡ Führung

#215 Erwische deine Leute dabei, wie sie Dinge richtig machen

Überrasche Mitarbeiter damit, dass du ihnen von Zeit zu Zeit eine kurze Nachricht schickst oder ein Kompliment machst für kleine Dinge, die sie in letzter Zeit richtig gemacht haben und die dir positiv aufgefallen sind, ohne dass sie das bemerkt haben.

⚡ Führung

🎧 *Machen! Podcast 176* mit Christian Conrad[42]

---

42 https://machen.fm/176

#216 Starte mit einem Vertrauenslevel von 100 %

Kommuniziere deinen Mitarbeitern zum Start eurer gemeinsamen Arbeit, dass jeder bei dir von Anfang ein Vertrauenslevel von 100 % genießt. Sie müssen also kein Vertrauen bei dir aufbauen, sondern können es nur abbauen. Dies sorgt dafür, dass deine Leute ihre Motivation behalten, das Level deines Vertrauens in sie bei 100 % zu halten.

✦ Führung

#217 Erreiche Ziele mit deinem Team durch den Listen-Trick

Formuliere das wichtigste Ziel deines Teams gemeinsam mit deinen Teammitgliedern als Wie-Frage: »Wie schaffen wir es, [unser Ziel] zu erreichen?« Nehmt euch im Team 50 Minuten Zeit, um 15 Antworten darauf zu erarbeiten und als konkrete Aufgaben zu formulieren. Die ersten 5 (meistens Quick Wins) sowie die allerletzte Aufgabe (meistens strategisch gut durchdacht) solltet ihr sofort starten, umzusetzen.

✦ Führung

#218 Stelle Mitarbeitern die Motivationsfrage als Hausaufgabe fürs Feedbackgespräch

Bitte deine Mitarbeiter, zum nächsten 1-on-1 Feedbackgespräch ihre Antwort auf die Frage »Was motiviert dich« mitzubringen. Ihr könnt dann darüber sprechen, was ihr tun könnt, damit dein Mitarbeiter in Zukunft mehr von solchen Dingen macht, die ihn wirklich motivieren. Die Qualität seiner Ergebnisse steigt in der Regel schlagartig.

✦ Führung

#219 Mache das Problem-Reframing mit deinen Leuten

Lasse deine Leute am Ende jeder Woche ihre größte Herausforderung oder ihr größtes Problem benennen und die Frage beantworten: »Wie kann ich es erreichen, dass dieses Problem nicht gegen, sondern für mich arbeitet?«

✦ Führung

#220 Mache Kunden zu Advokaten für eure Ziele

Vereinbare mit Kunden, die ein eigenes Interesse oder einen Nutzen durchs Erreichen eines bestimmten Ziels deines Teams haben, dass sie zum Advokaten dieses Ziels werden: Installiere sie als externe Kontrollinstanz, die sich regelmäßig bei euch erkundigt, ob die Zielerreichung wie geplant verfolgt wird.

✏ Führung

#221 Erhöhe das Energielevel in Meetings durch Aufstehen

Durchs Stehen steigt nachgewiesenermaßen unser Energielevel. Das kannst du insbesondere in langen Meetings nutzen, wenn die Teilnehmer drohen, »einzuschlafen«. Lade alle Teilnehmer ein, jederzeit einfach aufzustehen, sobald sie ein niedriges Energielevel wahrnehmen.

✏ Führung

#222 Löse Konflikte durch die LEAF-Methode

Um akute oder sich anbahnende Konflikte schnell in den Griff zu bekommen, hilft dir die LEAF-Methode als Eselsbrücke, um auch in emotionalen Momenten einen kühlen Kopf zu bewahren und Empathie zu zeigen:
1. Listen = zuhören
2. Empathize = sich einfühlen
3. Apologize = sich entschuldigen
4. Fix = das Problem lösen

✏ Führung

#223 Sei dir bewusst über das emotionale Beziehungskonto zu deinen Leuten

Das emotionale Beziehungskonto zwischen Führungspersönlichkeit und Mitarbeiter baut sich permanent weiter auf oder ab. Je nachdem, wie »gefüllt« es ist, kannst du als Chefin mehr oder weniger davon nutzen, um (auch mal harte) Entscheidungen durchzusetzen.

✏ Führung

#224 Mache 7-Minuten-Meetings

Der Internetunternehmer Gary Vaynerchuk hat sie populär gemacht: 7-Minuten-Meetings. Gary macht mit Mitarbeitern, Kunden und Partnern in der Regel Meetings von nur 7 Minuten Länge. Davon schafft er sechs pro Stunde. Der Effekt: In 7 Minuten erreicht man oft das gleiche Ergebnis, wie in 30- oder 60-minütigen Meetings. Du kannst eine kurze Meetingdauer auch als Standard in den Kalendern von dir, deines Teams oder deiner Firma einstellen.

◆ Führung

#225 Lebe Steve Jobs' No-Excuse-Haltung

Steve Jobs war überzeugt, dass wirklich gute Führungspersönlichkeiten ihre »No-Excuse«-Haltung ausmacht. Und zwar No Excuse (keine Ausrede oder Entschuldigung) sich selbst gegenüber. Gute Führungskräfte übernehmen die endgültige Verantwortung für das Ergebnis immer selbst – auch wenn scheinbar andere an einem Misserfolg Schuld sind. »Handle stets so, als ob Erfolg oder Misserfolg ausschließlich in deiner Hand läge – und du wirst zum brillanten Leader«, sagte Jobs.

◆ Führung

#226 Etabliere eine Feedforward-Kultur in deinem Team

Nutze statt dem Wort ›Feedback‹ den Begriff ›Feedforward‹ und erkläre deinen Leuten den Sinn dahinter: Feedforward bezieht sich immer auf die Zukunft und zielt darauf ab, dass man damit Dinge und Verhalten immer weiter optimieren und noch besser umsetzen kann.

◆ Führung

#227 Reagiere auf Kritik mit der »Tell me more«-Methode

Wenn du Kritik von Mitarbeitern erhältst, antworte sinngemäß mit »Erzähl' mir mehr dazu«. Unangebrachte Kritik läuft dadurch ins Leere. Und von wertvoller, konstruktiver Kritik kannst du so maximal viel mitnehmen und lernen.

◆ Führung

#228 Gib positives Feedback durch Bedanken statt Loben

Positives Mitarbeiterfeedback: Anstatt eine Person für etwas zu loben, bedanke dich lieber bei ihr. Das wird von vielen Menschen als deutlich angenehmer wahr- und aufgenommen.

🗲 Führung

#229 Erstelle eine »Wer was darf«-Liste je Rolle in deinem Team

Erstelle eine Liste, in der für alle festgehalten ist, welche Position welche Verantwortlichkeiten und Befugnisse hat. Sie sorgt dafür, dass jeder eigenständig entscheiden kann, wofür eine vorherige Abstimmung mit der Vorgesetzten notwendig ist und wo Mitarbeiterinnen einfach eigenständig handeln können.

🗲 Führung

#230 Starte Feedback immer mit der Erlaubnis-Frage

Starte das Geben von Feedback stets mit der Frage »Darf ich dir Feedback geben?«. Dadurch bringst du dein Gegenüber in das richtige Setting, offen dafür zu sein, Feedback zu empfangen und annehmen zu können.

🗲 Führung

#231 Die 2 perfekten Fragen zum Start eines Mitarbeiter-Feedback-Gesprächs

Möchtest du einer Mitarbeiterin Feedback zur Verbesserung einer bestimmten Fähigkeit geben? Dann starte das Gespräch mit diesen beiden Fragen:
1. Auf einer Skala von 1–10, wie hoch schätzt du dich bei [Fähigkeit, um die es geht] aktuell ein?
2. Welche Ideen hast du, was wir tun können, um dich auf eine 9 zu bringen?

🗲 Führung

#232 Nutze bei einem schwierigen Mitarbeitergespräch die Feedback-Eröffnung

Eröffne schwierige Mitarbeitergespräche mit dem Framing »Ich möchte dieses Gespräch mit dir führen, um Feedback zu erhalten.« So übergibst du auch deinem Gegenüber einen Teil der Verantwortung fürs Gelingen des Gesprächs.

✦ Führung

#233 Kommuniziere Arbeitsaufträge mit der Methode der Rückbestätigung

Um sicherzustellen, dass Mitarbeiter genau das tun, was du von ihnen möchtest, wenn du ihnen einen Arbeitsauftrag gibst, bitte sie um eine Rückbestätigung, mit der folgenden Frage:

»Wiederhole bitte noch einmal in deinen Worten, was du verstanden hast?«

Daraufhin kannst du eine Feinjustierung des Auftrages vornehmen, sodass ihr beide das gleiche Verständnis davon habt und Missverständnisse frühzeitig vermieden werden.

✦ Führung

#234 Setze ein *Mitarbeiter-Bonuspunkteprogramm* für besondere Leistungen auf

Lasse deine Mitarbeiter Punkte sammeln – ähnlich wie bei einem Flug-Bonusmeilen-Programm – für Leistungen, die über ihre normalen Aufgaben hinausgehen und positiv für dein Unternehmen sind. Dazu kann es zum Beispiel gehören, einen neuen Mitarbeiter zu werben, bei Familien und Freunden Kunden zu werben, die Familie einen Tag mit zur Arbeit zu bringen und so weiter. Die Bonuspunkte können später in Sachprämien umgewandelt werden, wie zum Beispiel ein Wochenendurlaub mit der Familie.

✦ Motivation

🎧 *Machen! Podcast 49* mit Andreas Weeber, Geschäftsführer des Autohaus Weeber[43]

---

43   https://machen.fm/49

#235 Motiviere deine Leute durch deine klar definierte Leader-Rolle

Als Inhaber, Manager oder Führungskraft bist du für deine Leute Leader, Nordstern, Motivator, Supporter, Enabler, Inspirator und Freund zugleich. Fülle – je nach Situation – stets eine oder mehrere dieser Rollen aus. Sei der Gatekeeper für dein Team – dein Motto könnte lauten: *Nach oben reporten und unten schützen.*

⚡ Motivation

#236 Verhindere Kündigungen wegen einer unbefriedigenden Vergütung

Erhöhe das Gehalt einer Mitarbeiterin etwa alle 2 Jahre signifikant. Dabei ist wichtig: Zelebriere die Gehaltserhöhung regelrecht gemeinsam mit der Mitarbeiterin. Lasse sie keinesfalls einfach so automatisch passieren, ohne eine damit einhergehende wertschätzende Kommunikation.

⚡ Motivation

#237 Verhindere Kündigungen wegen mangelnder Anerkennung

Anerkennung besteht nicht ausschließlich aus regelmäßigem Lob. Auch ehrlich Danke zu sagen und Mitarbeitern die Wichtigkeit und Relevanz ihrer Arbeit klarzumachen, gehören dazu. Außerdem ist es wichtig, aufrichtiges Vertrauen zu zeigen und Mitarbeiter regelmäßig nach ihrer Meinung und ihrem Feedback zu fragen.

✦ Motivation

#238 Verhindere Kündigungen wegen fehlender Karrierechancen

Kommuniziere regelmäßig die Möglichkeiten zur persönlichen Weiterentwicklung an deine Mitarbeiterinnen. Lasse hier aber deine Mitarbeiterinnen die Initiative ergreifen – und unterstütze sie dann bei der Umsetzung.

✦ Motivation

#239 Verhindere Kündigungen aufgrund zu geringer Herausforderungen

Stelle Mitarbeiter regelmäßig vor Herausforderungen im Sinne von Verantwortung zu übernehmen. Übergib ihnen den Lead und die Accountability für bestimmte Themen und Projekte. Definiere ihre Ziele klar und stecke diese gemeinsam mit dem Mitarbeiter ab. Immer dann, wenn Menschen ein Problem gelöst beziehungsweise ein Ziel erreicht haben, gibt ihnen dies einen Stimmungs- und Motivationsschub.

✦ Motivation

#240 Verhindere Kündigungen wegen einer schlechten Work-Life-Balance

Biete New-Work-Modelle und flexible Arbeitszeitmodelle an. Bringe den *Work-Hard-Play-Hard-Gedanken* gespickt mit eurer eigenen Firmenkultur in deiner Firma zum Leben.

✦ Motivation

#241 Gib Transparenz über Finanzen, Zahlen und KPIs

Indem du die wichtigsten Zahlen regelmäßig mit deinem Team teilst, entsteht ein Sicherheitsgefühl bei deinen Leuten und du verhinderst das Entstehen von

Gerüchten. Mache es beispielsweise zu einem Ritual, jeden zweiten Montag einen KPI-Überblick für die gesamte Belegschaft zu geben.

◆ Motivation

#242 Mache den Status aller Zahlen, KPIs und Ziele täglich aktualisiert sichtbar

Durch einen *KPI-Bildschirm* im Eingangsbereich des Büros sehen alle Mitarbeiter jeden Tag, welche die wichtigsten Zahlen und KPIs sind und welchen Status sie gerade haben.

◆ Motivation

#243 Berichte transparent über Business-Meetings und den Projektstatus

Zeige deinen Mitarbeitern, dass du sie integrierst, indem du beispielsweise nach jeder Geschäftsreise von den Ergebnissen erzählst und regelmäßig ein Update zum Stand aktueller Projekte gibst. So fühlen sich die Leute abgeholt und du beugst Gerüchten vor.

◆ Motivation

#244 Minimiere Krankheitstage durch einen Anwesenheitsbonus

Jede Mitarbeiterin, die in einem Quartal maximal einen krankheitsbedingten Fehltag hatte, hat einen Anspruch auf einen Anwesenheitsbonus. Dieser wird einmal pro Jahr ausbezahlt. Der Anspruch pro Quartal *ohne* krankheitsbedingten Fehltag kann zum Beispiel 50 Euro betragen. Bei *einem* Fehltag in einem Quartal sind es noch 30 Euro für das entsprechende Quartal. Wer ein volles Jahr ohne jegliche Abwesenheit durch Krankheit erreicht, erhält beispielsweise zusätzlich zur Prämie von 200 Euro noch eine Sachprämie.

◆ Motivation

#245 Minimiere Krankheitstage durch öffentliche Aufmerksamkeit

Reagiere auf die Krankmeldung eines Mitarbeiters persönlich als Chef, zum Beispiel mit einem Besserungswunsch im Firmenchat. So merkt der Mitarbeiter, dass es auffällt, wenn er sich krank meldet, und dies für Aufmerksamkeit im gesamten Team sorgt, was den Stellenwert eines Krankheitstages erhöht. Dadurch wägt er in Zukunft umso genauer ab, ob er sich krank meldet.

◆ Motivation

#246 Ermuntere zu Homeoffice statt zum Gelben Schein

Ermuntere deine Mitarbeiterinnen dazu, im Homeoffice zu arbeiten, wenn sie sich mal nicht zu 100 % gesund fühlen. Dadurch entsteht kein Krankheitstag und die Mitarbeiterin arbeitet zumindest teilweise. Schweden macht mit dem Konzept der Teil-Arbeitsunfähigkeit bereits sehr gute Erfahrungen.[44]

◆ Motivation

#247 Verhindere Motivationsverlust aufgrund eines nicht wahrgenommenen Mehrwerts der Arbeit

Ein häufiger Kündigungsgrund ist: Mitarbeiter haben wiederholt das Gefühl, dass keine Wertschöpfung durch ihre Arbeit entsteht. Die Lösung: Finde heraus, was »wertvoll« für den Mitarbeiter bedeutet und ihn intrinsisch motiviert. Richte seine Aufgaben dann genau darauf aus. Wert kann zum Beispiel entstehen durch tiefes Interesse des Mitarbeiters für eine Aufgabe. Auch Aufgaben, die zum Selbstverständnis der Person passen oder mit großer Bedeutung fürs Team oder das Unternehmen einhergehen, eignen sich hierfür sehr gut.

◆ Motivation

#248 Verhindere Motivationsverlust wegen fehlendem Selbstvertrauen

Wenn eine Mitarbeiterin denkt »*Ich glaube, das kann ich nicht*«, mündet dieser Zustand oft in Demotivation. Die Lösung: Zeige ihr positive Beispiele aus ihrer Vergangenheit oder von anderen Mitarbeitern, die Ähnliches geschafft haben. Teilt die Aufgabe gemeinsam in überschaubare Stücke auf. Sichere deine Unterstützung zu – ganz egal, ob diese dann tatsächlich in Anspruch genommen wird.

◆ Motivation

---

44 https://www.aerztezeitung.de/Politik/Halb-krank-halb-arbeitsfaehig-in-Schweden-ist-das-moeglich-223069.html

#249 Verhindere Motivationsverlust wegen negativer Emotionen

Wenn ein Mitarbeiter genervt oder verärgert über die Firma beziehungsweise seine Kollegen ist, leiden Motivation und Leistung gleichermaßen. Die Lösung: Zuzuhören und das Problem zu verstehen helfen bereits. Erkläre, dass andere mit ihrem Verhalten nicht absichtlich für Unmut sorgen wollen. Biete deine Hilfe an und entwickelt gemeinsam Lösungsstrategien.

✦ Motivation

#250 Nimm deine Mitarbeiter mit auf Seminare, die du besuchst

Wenn du dich auf Seminaren weiterbildest, nimm deine Mitarbeiter dorthin mit. Es ist mühsam für dich, wenn du nach einem Seminar, das du allein besucht hast, motiviert und mit vielen neuen Ideen zurück in die Firma kommst – und deine Mitarbeiter diese Begeisterung nicht teilen können. Tätige das Investment, auch sie das Seminar erleben zu lassen und die Motivation mitzunehmen.

✦ Motivation

#251 Senke Krankheitstage und erhöhe die Produktivität durch die Top-3 *BGM-Maßnahmen*

Der Return on Investment beim betrieblichen Gesundheitsmanagement liegt bei diesen drei Maßnahmen bei etwa 1 zu 6 bis 1 zu 3.
1. Die aktive Mittagspause. Engagiere einen Trainer, der dein Team dreimal pro Woche in einer 15-minütigen Extra-Mittagspause durch ein kurzes Sportprogramm führt.
2. Wissenstransfer in Form von Vorträgen und Schulungen zu Stress- und Gesundheitskompetenz, der einmal im Quartal stattfindet.
3. After-Work-Bewegungsprogramme im Office. Beliebt sind beispielsweise Bodyweight-Sport, Boxen oder Yoga.

✦ Motivation

#252 Veranstalte Teammeetings niemals Freitags

Wenn das Ergebnis eines Teammeetings am Freitag Motivation sein sollte, so müssen die Leute zwei Tage warten, um loslegen und umsetzen zu können. Wenn das Ergebnis Frustration sein sollte, nehmen sie das negative Gefühl mit ins Wochenende. Deshalb: Keine Teammeetings an Freitagen!

◆ Motivation

#253 Lasse Mitarbeiter ihr Gehalt selbst bestimmen

Lasse zum Beispiel Azubis vor der Übernahme oder Kandidaten im Bewerbungsprozess ihr Gehalt in einen Blankovertrag selbst eintragen. Benenne explizit deine Erwartung, dass sie mindestens ihr Gehalt als Umsatz erwirtschaften müssen. Anhand der Höhe des genannten Wunschgehalts kannst du einschätzen, wie hoch sie ihre Leistung selbst einschätzen.

◆ Motivation

#254 Gib deinen Leuten einen symbolischen Anreiz, erfolgreich zu sein

Ein schönes Beispiel aus einer Agentur: Einige Tage vor einem Kunden-Pitch stellt der Chef eine Magnum-Champagner-Flasche, bedruckt mit dem Logo des potenziellen Kunden, gut sichtbar auf den Tresen des Office-Eingangs. Alle wissen: Wenn wir den Pitch gewinnen, dann öffnen wir diese Flasche und feiern gemeinsam. Auf dem Regal im Hintergrund stehen gesammelt alle früher geleerten Flaschen mit den entsprechenden Kundenlogos zur Motivation.

◆ Motivation

#255 Mache das Daily Update nach dem PPP-Schema im Team

Lasse deine Teammitglieder jeden Morgen kurz ein Update bezüglich ihrer Ziele ans Team geben nach folgenden 3 Punkten:
1. Progress: Wo stehst du beim Erreichen deines Ziels?
2. Problems: Welche Blocker gibt es aktuell?
3. Plan: Welche nächsten Schritte planst du, um dein Ziel zu erreichen?

Funktioniert übrigens auch super aus dem Homeoffice im Team-Chat.

◆ Motivation

#256 Erhalte Mitarbeiter-Feedback durch ihren Anspruch auf eine Antwort

Ermutige Mitarbeiter bereits im Onboarding, dir stets Feedback zu geben, wenn ihnen in deiner Firma etwas auffällt, das sie verbessern würden. Sage ihnen: »Du wirst immer Anspruch auf eine der folgenden beiden Antworten haben: Entweder: ›Ja, das werden wir ändern.‹ Oder: ›Nein, das behalten wir bei, weil [Begründung].‹«

◆ Motivation

#257 Motiviere deine Mitarbeiter durch die Monthly Proposal Challenge

Mache es zum verbindlichen Ziel für deine Mitarbeiter, jeden Monat einen Vorschlag zur Verbesserung der Prozesse in eurer Firma zu nennen. Dafür kannst du z. B. ein Google-Formular oder einen physischen Briefkasten im Office nutzen.

◆ Motivation

#258 Motiviere Leute durch ihren Jobtitel

Benenne die Mission einer Mitarbeiterin in ihrem Jobtitel. Dadurch wird sie automatisch mehr Verantwortung und Motivation spüren, diese Mission zu erfüllen. Ein schön plakatives Beispiel: Statt »Empfangsdame« heißt der Jobtitel in manchen US-Unternehmen »Director of first Impression«.

◆ Motivation

#259 Teilt Erfolgsgeschichten von Kunden am Anfang von Team-Meetings

Beim wöchentlichen Teammeeting erzählt jeder Mitarbeiter kurz eine Erfolgsgeschichte eines Kunden der letzten Woche. Diese ankern nachhaltig positive Emotionen bei deinen Leuten und wirken hoch motivierend.

◆ Motivation

#260 Reserviere 2 Stunden pro Woche für die Umsetzung von Mitarbeiter-Ideen

Räume deinen Mitarbeitern jede Woche 2 Stunden ein, in denen sie tun können, was sie möchten. Einzige Bedingung, die sie erfüllen müssen: »Was kann ich diese Woche innerhalb von 2 Stunden tun, um den Nutzen für unsere bestehenden oder zukünftigen Kunden zu erhöhen?«

◆ Motivation

#261 Formuliere Vision und Mission im ›Damit-Satz‹

Eine gute Vision und Mission stärken die Motivation deiner Teammitglieder massiv. Oft ist nicht ganz klar, was der Unterschied zwischen Mission und Vision ist. So gelingt's: Verbinde Vision und Mission in einem Satz durch ›damit‹. Beispiel: Wir errichten eine Brücke übers Tal (= Vision), *damit* kein Kind mehr auf dem Schulweg sein Leben riskieren muss (= Mission).

◆ Motivation

#262 Setze neue Benchmarks, um deine Leute zur Extrameile zu motivieren

Dinge werden so lange für unmöglich gehalten, bis einer vormacht, dass es doch möglich ist. Beispiel: Die kleine technische Änderung beim Hochsprung, rückwärts zu springen, führte plötzlich zu ganz neuen Höchstleistungen. Erzähle diese und ähnliche Metaphern deinen Leuten, um sie zu neuen Wegen zu motivieren.

◆ Motivation

#263 Menschen sind motiviert, Freude zu erfahren und Schmerz zu vermeiden

Inwiefern verändern negative und positive Anreize unsere Leistung? Ein spannender Versuch der Netflix-Serie »100 Humans« zeigte: Menschen bringen kurzfristig bessere Leistung bei der Androhung einer Strafe und langfristig durch Lob und Belohnungen.

◆ Motivation

#264 Nutze den Raketen-Trick, um Dinge endlich umzusetzen

Der Raketen-Trick hilft dir dabei, dich selbst zu motivieren, Dinge zu tun, die jetzt notwendig sind, zu denen du aber im Moment absolut keine Lust hast. Um dich aufraffen zu können, brauchst du ausreichend Aktivierungsenergie. Diese bekommst du, indem du wie beim Raketenstart den Countdown von 5 herunterzählst – und bei 0 einfach mit voller Energie loslegst! Probier's mal aus.

✦ Motivation

#265 Erhalte eure Firmenwerte durch Geschichten am Leben

Eure Firmenwerte, die als leere Worthülsen auf Plakaten an der Wand hängen, bringen gar nichts. Erwecke sie durch konkrete und reale Geschichten aus eurem Alltag zum Leben und kreiere Bilder im Kopf deiner Leute. Erzähle und wiederhole regelmäßig Beispiele, wo Teammitglieder nach euren Firmenwerte gehandelt haben. Lasse auch deine Mitarbeiter regelmäßig von solchen Situationen erzählen. Das motiviert alle!

✦ Motivation

#266 Sorge proaktiv für die Verbreitung positiver Nachrichten

Schlechte Nachrichten verbreiten sich laut einer Daumenregel um den Faktor 10 schneller als gute Nachrichten. Das gilt natürlich auch für den »Flurfunk« in deiner Firma. Sorge deshalb dafür, dass du gute Nachrichten wiederholt erzählst, dass du sie gezielt an die »Quasselstrippen« im Team kommunizierst und dass du Mitarbeiter gezielt dazu ermunterst, diese an andere Kollegen weiterzuerzählen.

✦ Motivation

#267 Stelle die Für-immer-Frage in Feedbackgesprächen

Stelle in jedem Mitarbeiter-Einzelfeedbackgespräch die Frage »Was müssen wir ändern, damit du für immer bei uns bleibst?«. Durch die Antworten kannst du die Zusammenarbeit in deiner Organisation und deinem Team weiter optimieren und die Mitarbeiterbindung drastisch steigern.

✦ Motivation

#268 Nutze Videonachrichten von Kollegen, um dein Team zu begeistern

Lasse einige Kollegen und Führungskräfte aus allen anderen Teams jeweils ein kurzes Video aufnehmen, in dem sie erklären, was sie an deinem Team sehr schätzen. Jeder dieser Videos kann beginnen mit »Ich schätze das XY-Team, weil …«. Diese kurzen Statement-Videos schneidest du dann zu einem langen Video zusammen – und zeigst es deinem Team in einem gemeinsamen Team-Meeting. Der Effekt ist unglaublich rührend und motivierend für deine Leute …

✦ Motivation

#269 Nutze kurze motivierende Nachrichten von Kunden, um dein Team zu motivieren

Erstelle Channel im internen Messenger, worin positives Feedback von Kunden, die eure Arbeit sehr schätzen, gepostet wird. In diesen Kanal können Mitarbeiter immer hineinschauen, wenn sie mal gestresst sind. Das wirkt extrem motivierend und führt zu starkem Antrieb für deine Leute.

✦ Motivation

#270 Versende jedes Quartal einen persönlichen Brief vom CEO per Post

Ein quartalsweiser Mitarbeiterbrief vom Inhaber, Gründer oder Geschäftsführer per Post an jede Mitarbeiterin ist heute nicht mehr üblich. Genau darum stechen diejenigen heraus, die es machen. Kleiner Zusatztipp: Versende den Brief so, dass er am letzten Samstag des Quartals bei den Mitarbeitern zu Hause ankommt – das erhöht die Chance weiter, dass er auch wirklich gelesen wird.

✦ Motivation

#271 Erkläre die Auswirkung, um einem Menschen echte Wertschätzung auszudrücken

Statt einfach zu sagen »Das hast du gut gemacht«, gehe sehr konkret auf die Situation und die Auswirkung ein, zum Beispiel: »Durch dieses Verhalten von dir, ist Folgendes passiert …«

✦ Motivation

#272 Stärke Verantwortung und Motivation durch selbstgesteckte Monatsziele fürs variable Gehalt

Variable Gehaltsbestandteile können unter bestimmten Voraussetzungen eine motivierende und leistungssteigernde Wirkung haben – lassen sich aber oft für Positionen, die nicht direkt am Verkauf beteiligt sind, schwer bestimmen. Lasse darum jeden Mitarbeiter auf monatlicher Basis ein KPI-Ziel für ihren variablen Gehaltsbestandteil selbst festlegen: Monat für Monat benennt jeder Mitarbeiter ein messbares Ziel, das er in 4 Wochen erreichen möchte. Das Ergebnis wirkt sich auf seinen variablen Gehaltsanteil aus. Damit bleiben Mitarbeiter motiviert, denken und handeln unternehmerischer und übernehmen proaktiv mehr Verantwortung.

✦ Motivation

#273 Zeige Mitarbeitern den stärksten Grund, um eine Gehaltserhöhung zu bekommen

Bringe deinen Teammitgliedern bei, dass sie ihre Forderung nach einer Gehaltserhöhung immer mit einer Frage verbinden sollten, die nahezu automatisch zu höherer Entlohnung führt: »Wie kann ich mehr Wert stiften?«

✦ Motivation

#274 Nutze die 2x10-Technik, um herauszufinden, was eine Mitarbeiterin wirklich motiviert und antreibt

Sobald deine Mitarbeiterin und du Klarheit darüber haben, welche Tätigkeiten sie intrinsisch motiviert und antreibt, kannst du dafür sorgen, dass sie jeden Tag ein Stück mehr solcher Aufgaben erhält. Das sorgt für ein dauerhaft hohes Motivationslevel und lange Bindung. Die geniale Technik, um es herauszufinden:
1. Lasse die Mitarbeiterin für 14 Tage jede einzelne noch so kleine Tätigkeit aufschreiben, die sie beruflich oder privat erledigt.
2. Immer am Abend soll sie jeweils zwei Ratings von 0 bis 10 Punkten neben ihre Tätigkeiten schreiben: Erstens, wie gerne sie diese macht. Und zweitens, wie gut sie bereits darin ist.
3. Nach den 14 Tagen extrahiert ihr alle Tätigkeiten, die in beiden Ratings mindestens 8 Punkte haben – also, die sie gerne macht und worin sie bereits gut ist.

4. Nun könnt ihr einen gemeinsamen Entwicklungsplan aufstellen, wie die Mitarbeiterin zukünftig mehr solcher Tätigkeiten bei dir macht – und weniger solcher mit Ratings unter 8.

🗲 Motivation

#275 Schließe den Win-Win-Deal zur Weiterbildung mit deinen Leuten

Biete deinen Mitarbeitern an, die Kosten für ihre Weiterbildungswünsche in Form von Seminaren oder Coachings zu übernehmen, indem du diesen Winwin-Deal mit ihnen vereinbarst: »Wir zahlen dir die Weiterbildung, wenn du mindestens 3 konkrete To-dos für unser Unternehmen daraus mitbringst und danach umsetzt.«

🗲 Motivation

#276 Mache das stille Örtchen zur Wohlfühl-Oase

Der Besuch der Toilettenräume ist für Mitarbeiter eine kurze, private Auszeit vom Büroalltag. Untersuchungen zeigen, dass Toilettenräume mit sanfter Musik, hoher Sauberkeit und angenehmem Duft für mehr Zufriedenheit und eine längere Bindung von Mitarbeitern sorgen.

🗲 Motivation

#277 Nutze ein dynamisches Provisionsmodell als perfekte leistungsorientierte Vergütung

Gerade im Vertrieb gibt es oft eine Verhandlung zwischen Vorgesetztem und Mitarbeiter über seinen Jahreszielumsatz und die Höhe seiner Prämie als Provisionsanteil. Das ist unternehmerisch nicht zielführend, denn der Mitarbeiter wird tendenziell seinen Zielumsatz niedriger und seinen Provisionsanteil höher ansetzen wollen. Stattdessen schlägt der Vertriebsexperte Markus Milz ein dynamisches Provisionsmodell, das beide Interessen berücksichtigt und automatisch für eine optimale Prämienhöhe sorgt. Dabei fällt die Prämie nicht nur höher aus, je besser das Jahresergebnis des Mitarbeiters ist, sondern auch, je treffgenauer er das Ziel zu Beginn des Jahres selbst gewählt hat.

Jeder Mitarbeiter gibt zu Jahresbeginn eine Selbsteinschätzung für sein Ergebnis ab. Entsprechend einer zuvor festgelegten Tabelle fällt die mögliche Spanne seiner Erfolgsbeteiligung weiter aus, je höher er sein Ziel setzt – und die Spanne ist geringer, je niedriger er sein eigenes Ziel setzt. So können zum Beispiel Mitarbeiter, die 1 Million Euro Jahresumsatz generieren wollen 1–20 % vom Umsatz als Prämie erhalten, während Mitarbeiter, die ihr Jahr auf 500 Tausend Euro Umsatz einschätzen, nur 3–12 % als Prämie für sich generieren.

⚡ Motivation

🎧 *Machen! Podcast 379* mit Markus Milz, Managing Partner von Milz & Comp.[45]

#278 Führe ein Mittags-Roulette für dein Team ein

Lose einmal pro Woche zufällig zwei Mitarbeiter des Teams zusammen, die sich dann gemeinsam zum Mittagessen verabreden. Zum Beispiel die Plattform workdate.com bietet ein schönes Tool zur Organisation des Mittags-Roulettes.

⚡ Teambuilding

---

45 https://machen.fm/379

#279 Wähle solche Team-Events, bei denen das Team etwas Gemeinsames erschafft

Betrachte Team-Events als Trainingslager mit Spaßfaktor für den Arbeitsalltag. Wähle deshalb insbesondere Events, bei denen das Team gemeinsam etwas (er)schaffen muss. Hierfür eigenen sich zum Beispiel Kochabende, bei denen ein Mehrgängemenü gezaubert wird, und jeder ist für einen Teil davon zuständig.

✎ Teambuilding

#280 Integriere Werkstudentinnen und Praktikantinnen voll ins Team

Behandle Werkstudentinnen und Praktikantinnen stets so wie Vollzeitmitarbeiter. Mache ihnen bereits beim Bewerbungsprozess die Bedeutung und Wichtigkeit ihrer Position für das Unternehmen klar, betraue sie früh mit voller Verantwortung für bestimmte Themen und Aufgaben. Lasse sie direkt an dich oder einen hohen Vorgesetzten berichten. Stelle von Anfang an eine Festanstellung nach dem Studium in Aussicht. Das wirkt motivierend und schärft die Erwartungen. Die Werkstudentin sollte zu allen Teammeetings, fachlichen Workshops, Team-Events und Feedbackgesprächen eingeladen sein. Investiere in die Weiterentwicklung der Werkstudentin. Lade sie zu Schulungen, Coachings, Fortbildungen und Konferenzen ein. Am Ende ihres Studiums bietest du an, dass ihre Abschlussarbeit als Praxisprojekt von deiner Firma betreut wird. All dies baut die emotionale Bindung deines Werkstudenten ans Unternehmen frühzeitig auf. Er wird zu einem loyalen Mitarbeiter mit hoher Bereitschaft, nach dem Studium bei dir zu bleiben. Zudem stellt sich der Nebeneffekt ein, dass er vor Kommilitonen in der Uni begeistert von seinem Nebenjob berichtet, was ihn zum Mikroinfluencer für dich macht.

✎ Teambuilding

#281 Erstelle eine Social-Media-Gruppe für dein Team

Eine gemeinsame Gruppe bei WhatsApp oder Facebook wirkt Wunder: Es entsteht eine persönliche Bindung der Teammitglieder, neue Leute lernen sich schneller kennen und eine gewisse Team-Eigendynamik entwickelt sich. Ermuntere alle Mitglieder dazu, Profilbilder von sich im Messenger zu haben. So lernen alle die Namen zu den Gesichtern neuer Teammitglieder im Handumdrehen.

✎ Teambuilding

#282 Erfreut euch am Team-Adventskalender

In der Weihnachtszeit ist dies eine unglaublich schöne Teambuilding-Maßnahme: In einem Team von maximal 24 Mitgliedern füllt und öffnet jeder im Wechsel ein Türchen im gemeinsamen Team-Adventskalender.

✒ Teambuilding

#283 Mache regelmäßige *Clear the Air Meetings* mit deinem Team

Einmal pro Monat äußern Mitarbeiter im *Clear the Air Meeting* mit dem gesamten Team Themen, die sie gegenüber anderen Teammitglieder auf dem Herzen haben vor. Zunächst formuliert Person 1 ihr Thema. Die angesprochene Person 2 wiederholt das Thema in ihren eigenen Worten. Person 1, die das Thema aufgebracht hat, kann das Problem erneut ausdrücken, wenn sie sich von Person 2 noch nicht richtig verstanden fühlt. Es geht hin und her, bis sich Person 1 richtig verstanden fühlt. Danach sagt Person 2, wie sich das Problem für sie darstellt und Person 1 wiederholt es in ihren Worten und so weiter. Das Ritual endet, wenn sich beide Seiten ausgesprochen haben, Verständnis füreinander entwickelt haben und sich auf einen gemeinsamen Zukunftsplan geeinigt haben.

✒ Teambuilding

#284 Nutze Team-Gesundheitschecks, um dein Team weiterzuentwickeln

Durch Team-Gesundheitscheck-Methoden, wie zum Beispiel dem kostenlosen *Atlassian Team Health Monitor*[46], erhältst du ein recht subjektives Messergebnis des Teamgefüges und der Qualität der Zusammenarbeit in eurem Team. Solch ein Gesundheitscheck gibt dir ein Bild davon, welche Stärken im Team vorhanden sind, die ihr weiter ausbauen könnt, und an welchen Stellen es Herausforderungen gibt. Durch passende, darauf aufbauende Teamübungen, die du ebenfalls zum Beispiel im *Atlassian Team Health Monitor* findest, kannst du dann gemeinsam mit deinem Team an den einzelnen Punkten arbeiten.

✒ Teambuilding

---

46 https://www.atlassian.com/de/team-playbook/health-monitor

#285 Nutze das Stimmungsbarometer am Anfang jedes Meetings

Damit jedes Teammitglied die aktuelle Stimmung der anderen in einem Meeting gut einschätzen und sich besser auf sie einlassen kann, hilft es, zum Start eines Meetings kurz eine halbe Minute damit zu verbringen, dass jeder einmal im Ampelsystem sagt, wie er oder sie sich jetzt gerade fühlt: Rot, gelb oder grün?

🖋 Teambuilding

#286 Macht gemeinsame Lese-Abende für guten Team-Zusammenhalt

Bücher gemeinsam im Team zu lesen schweißt zusammen und lässt eine ganz besondere Atmosphäre und einen starken Teamzusammenhalt entstehen. Das geht auch perfekt remote per Video-Meeting: Jeweils eine Person pro Monat liest für 30 Minuten aus ihrem Lieblingsbuch vor.

🖋 Teambuilding

#287 Mache deine Organisation erfolgreich durch die No-Silo-Regel

Steve Jobs und Elon Musk haben Apple und Tesla durch die No-Silo-Regel groß gemacht. Dabei gibt es keine Abteilungen oder Teams im Unternehmen, die ein bestimmtes Projekt exklusiv vorantreiben. So wird eine interne Wir-gegen-die-anderen-Mentalität verhindert. Als Leader solltest du dafür sorgen, dass jeder Mitarbeiter stets auf das große Ziel der gesamten Firma hinarbeitet. Neue Teams sollten cross-funktional gebildet werden.

🖋 Teambuilding

#288 Nutze die Lifeline-Methode, um neue Teammitglieder sich einander vorstellen zu lassen

Auf einem leeren Blatt auf dem Flipchart stellt jeder den anderen sein Leben von der Geburt bis zum heutigen Tag vor: Er malt eine Linie von links nach rechts, die Ausschläge nach oben und unten zeigt, verbunden mit bestimmten Lebensabschnitten und Ereignissen. Diese Art der persönlichen Vorstellung wirkt öffnend und vertrauensbildend. Du als Chef solltest deine Lifeline als Erster vorstellen, um selbst Verletzlichkeiten und Schwierigkeiten zu zeigen – und damit die anderen zu motivieren, sich ebenfalls zu öffnen.

⚡ Teambuilding

#289 Verbinde dich mit Mitarbeitern auf Facebook, Instagram, LinkedIn und WhatsApp

Es ist für neue Mitarbeiter spannend, auch mal ein paar private Dinge über ihren Chef in Social Media zu sehen. Das kannst du klug für dich nutzen. Zeichne von dir ein Bild auch als Mensch und Privatperson deinem Team gegenüber. Praxiserprobte Posting-Rezepte, die als perfekte Schablonen für deine Posts auf LinkedIn dienen, habe ich dir unter folgendem Link zum kostenfreien Download bereitgestellt: www.machen.fm/linkedin-rezepte

⚡ Personal Branding

#290 Nutze einen *Musterbrecher*, wenn du bei Vorträgen einen Blackout hast

Wenn du bei einem Vortrag, einer Verhandlung oder einem Gespräch plötzlich einen Blackout hast, verändere bewusst deine Körperhaltung. Solch ein physiologischer *Musterbrecher* sorgt dafür, dass dein Körper anders durchblutet und mit neuer Energie versorgt wird. Zudem hilft die Flucht nach vorn: »*Hatten Sie schon mal einen Blackout? Kennen Sie das? Genau das habe ich gerade. Vielleicht können Sie mir helfen, wieder on track zu kommen?*«

⚡ Persönliche Entwicklung

🎧 *Machen! Podcast 121* mit Thomas Friebe, Profisprecher & Gründer der Thomas Friebe Akademie[47]

---

[47] https://machen.fm/121

#291 Nutze die *geistige Vorwegnahme*, um Vorträge, Reden, Gespräche und Verhandlungen zu meistern

Stelle dir genau vor, wie es absolut perfekt abläuft, wenn du deinen Vortrag, deine Rede oder das Gespräch hältst. Durchlebe diese Situation im Geiste bereits einmal komplett und versetze dich genau in das Gefühl, wie es sein wird. Das hilft dir dabei, dich perfekt auf die tatsächliche Situation vorzubereiten und Lampenfieber zu beseitigen.

⚡ Persönliche Entwicklung

#292 Lerne zu erkennen, ob du gegen deine eigenen Werte handelst

Eine augenöffnende Faustregel lautet: Wenn du Schuld verspürst, dann verstößt du gegen die Werte der Gemeinschaft (oder des Teams). Wenn du Scham verspürst, dann handelst du entgegen deiner eigenen Werte. Lerne deine eigenen Werte kennen und entwickle eine Sensibilität für Verstöße dagegen, um noch mehr Integrität als Führungspersönlichkeit zu entwickeln.

⚡ Persönliche Entwicklung

#293 Leichter »Nein« sagen: Nutze den Ja-Trick

»Nein« sagen kann manchmal extrem schwer sein. Aber die Wahrheit ist: Wenn du »Nein« zu einer Sache sagst, sagst du damit zu einer anderen, wichtigeren Sache ein viel größeres »Ja!«. Mache dir regelmäßig bewusst: Welches ist dein großes persönliches oder berufliches Ziel? »Nein« zu allem zu sagen, das nicht direkt darauf einzahlt, bedeutet ein starkes »Ja!« zum Fokus auf dein wirkliches Ziel. Das motiviert dich!

◆ Persönliche Entwicklung

#294 Nutze weniger Gesten, um souveräner zu wirken

Menschen, die ihren Körper beim Sprechen weniger bewegen, werden von anderen automatisch als souveräner und ›Herr der Lage‹ wahrgenommen. Denn wer sich verbal gut ausdrücken kann, muss Aussagen weniger mit Gesten unterstützen und strahlt aus: ›Ich weiß genau, wovon ich hier spreche.‹

◆ Persönliche Entwicklung

#295 Nutze die 60-Sekunden-Grimasse, um negative Emotionen aufzulösen

Wenn du Ärger oder negative Emotionen in einer Situation spürst, dann schneide unbeobachtet eine grinsende Grimasse für 60 Sekunden. Das signalisiert dem Hirn durch Druck auf bestimmte Nerven, Glückshormone auszuschütten. Dadurch gewinnst du Abstand zu den negativen Emotionen und kannst klarere Gedanken fassen, um angemessen zu reagieren.

◆ Persönliche Entwicklung

#296 Verhindere, dich unnötig zu ärgern, mit dem Uhrzeit-Trick

Wenn du drohst, dich über etwas zu ärgern, dann schaue auf die Uhr und sage dir ganz bewusst: »Jetzt ist 15:03 Uhr. Ich werde mich über diese Angelegenheit heute Abend um 21 Uhr ärgern. Momentan habe ich Wichtigeres zu tun.«

◆ Persönliche Entwicklung

#297 Deine Talente und Passionen mit der 8-Plus-Methode finden

So entdeckst du deine Talente, Passionen und dein ungenutztes Potenzial:
1. Schritt: Sammle über mehrere Tage alle Tätigkeiten, die du machst und die du bei anderen beobachtest – bis mindestens 250 Tätigkeiten gesammelt sind.
2. Schritt: Schreibe spontan 0-10 neben jede Tätigkeit, je nachdem, wie gut du darin bist.
3. Schritt: Markiere aus allen Tätigkeiten mit 8 Punkten und mehr diejenigen, die du auch gerne machst.
4. Schritt: Prüfe, ob du davon bereits genug in deinem Leben machst. Falls du mehr davon haben willst, definiere konkrete Schritte zu diesem Ziel.

✦ Persönliche Entwicklung

#298 Deine Talente und Passionen durch die 60-Minuten-Regel finden

Um deine Talente und Passionen (oder die deiner Mitarbeiterinnen) zu identifizieren, kannst du dich mit dieser simplen Regel annähern: Wenn eine Tätigkeit, die 60 Minuten dauert, sich viel kürzer anfühlt, hast du wahrscheinlich sowohl ein Talent als auch eine Passion dafür. Wenn sie sich ziemlich genau wie eine Stunde anfühlt, hast du entweder Talent oder eine Passion dafür. Wenn die Tätigkeit sich deutlich länger anfühlt, hast du wahrscheinlich keines von beidem dafür.

✦ Persönliche Entwicklung

#299 Nutze die Box-Atmung, um unter Stress deine Nerven zu bewahren

Mach's wie die Navy-Seals, um in Stresssituationen die Nerven zu bewahren. Nutze die Box-Atmung, die auch Vier-Quadrat-Atmung genannt wird:
1. Atme ein und zähle dabei bis 4.
2. Halte dann den Atem an und zähle dabei bis 4.
3. Atme aus und zähle dabei bis 4.
4. Halte den Atem an und zähle dabei bis 4.
5. Mache davon insgesamt 6 Runden.

✦ Persönliche Entwicklung

#300 Nutze den Post-it-Trick, um gelassener und positiver zu sprechen

Mehr Erfolg durch Sprache und Stimme mit der Post-it-Übung: Klebe dir morgens Zettel mit zehn motivierenden Wörtern an den Rechner, und versuche, diese während des Tages zu gebrauchen. Gut sind zum Beispiel solche positiven Wörter, wie »ermöglichen«, »freuen«, »gewinnen«, »begeistern«.

◆ Persönliche Entwicklung

#301 Nutze diese 2 Small-Talk-Fragen, um das Eis schnell zu brechen

Statt »Wie geht's« oder »Wie war's?« beim Small-Talk, nutze die folgenden beiden Fragen, um direkt in ein tieferes Gespräch mit einer Person einzusteigen:
1. »Wie hat sich die Situation XY für dich angefühlt?«
2. »Warum hat sie sich für dich so angefühlt?«

◆ Persönliche Entwicklung

#302 Nutze den täglichen Hebel, um deinen Selbstwert zu erhöhen

Drücke jeden Tag einem anderen Menschen deine Wertschätzung für eine konkrete Sache aus. Dadurch legst du deinen selektiven Fokus automatisch auf Erfolgsmomente und steigerst nach und nach auch deinen eigenen Selbstwert.

◆ Persönliche Entwicklung

#303 Peinliche Stille im Fahrstuhl? Nicht mit diesem Spruch!

Ein schöner Spruch im Fahrstuhl, um peinliche Stille zu überwinden und ins Gespräch zu kommen: »Wir haben jetzt 3 Stockwerke Zeit, um über irgendein Thema zu sprechen. Ich habe keins. Haben Sie eins?«

◆ Persönliche Entwicklung

#304 Nie wieder fehlende Schlagfertigkeit durch den Bill-Gates-Satz

So antwortete Bill Gates in einem Interview auf die Frage, ob er nicht ein zu großer Nerd sei: »Wenn Nerd bedeutet, jeden Tag daran zu arbeiten, durch Technologie für Milliarden von Menschen ein besseres Leben anzustreben, dann bin ich ein Nerd, ja.« Dieses Schema kannst du auf jedes »Etikett« übertragen, dass man dir anheftet:

»Wenn [Etikett] bedeutet, [positives Reframing], dann [Zustimmung].«

⚡ Persönliche Entwicklung

#305 Nutze die Rule of Awkward Silence, um auf Provokation souverän zu reagieren

Steve Jobs hat sie genutzt. Elon Musk nutzt sie. Die Rule of Awkward Silence ist eine Technik der emotionalen Intelligenz, um auf schwierige, komplizierte oder provokante Fragen souverän zu reagieren: Einfach 5, 10 oder 15 Sekunden gar nichts sagen. Dieses unangenehme Schweigen ist in diesem Moment Gold wert. Es hilft dir, deine Gedanken zu sortieren und eine sehr ruhige, sachliche und durchdachte Antwort zu geben, die Wirkung hat.

⚡ Persönliche Entwicklung

#306 Stoppe Grübeln mit der 5-4-3-2-1-Methode

Es ist menschlich, in überfordernden Lebensabschnitten und Situationen ins Gedankenkarussell zu geraten. Um diese stressige Denkschleife zu überwinden und mentale Distanz zu gewinnen, kann folgende Sofortmaßnahme helfen: Konzentriere dich darauf, 5 konkrete Dinge in deiner Umgebung bewusst anzusehen, dann 5 verschiedene Geräusche zu hören und 5 Gegenstände zu ertasten. Danach fokussierst du dich auf 4 Dinge, die du sehen, hören und erfühlen kannst – dann 3, dann 2, dann 1. Diese Art von achtsamer Meditation lenkt unsere Aufmerksamkeit weg vom negativen Gedanken und schenkt uns Freiheit, wieder klarer denken zu können.

⚡ Persönliche Entwicklung

#307 Statt jemandem zu widersprechen, gib die Antwort der 2 Optionen

Wenn du mit jemandem anderer Meinung bist und ihm widersprechen möchtest, nutze folgende Antwort, um weniger konfrontativ zu sein, Optionen zu geben und dennoch die Gesprächskontrolle zu behalten:

»Ich denke, du solltest dich noch etwas stärker auseinandersetzen mit [Thema, um das es geht] und dann hast du 2 Möglichkeiten: Entweder, du entscheidest dich dafür, dass es so ist, wie ich es meine. Oder, du entscheidest dich, dass es so ist, wie du meinst – und dann solltest du folgende Konsequenz für dich daraus ziehen: [...]«

◆ Persönliche Entwicklung

#308 Nutze das 1-Minuten-Ritual, um motiviert in jeden Tag zu starten

Mache es dir zum Ritual, jeden Morgen direkt nach dem Aufwachen eine Minute darüber nachdenken, was gestern gut lief. Das bringt dich sofort in eine produktive Stimmung der Motivation. Du wirst dein Team über den Tag hinweg damit anstecken.

◆ Persönliche Entwicklung

> **! Loyalty: Deine 3 Aufgaben zum sofortigen Umsetzen**
> - Frage die letzten drei in deinem Team neu eingestellten Kollegen, was sie am Onboarding-Prozess bei euch gut fanden, was sie optimieren würden und was sie sich gewünscht hätten. Notiere dir drei Maßnahmen, die du ab dem ersten Arbeitstag der nächsten neuen Kollegin umsetzen wirst.
> - Erstelle Vier-Augen-Termine für die nächsten zwei Wochen mit allen dir direkt unterstellten Mitarbeitern. Bitte sie um ihr ehrliches Start-Stop-Keep-Feedback für dich bezüglich deiner Art der Führung.
> - Gehe mit drei Mitarbeitern aus deinem Team in den nächsten zwei Wochen Mittagessen und frage sie im Vier-Augen-Gespräch nach ihrer ehrlichen Einschätzung, was passieren müsste, um Teambuilding und Motivation im Team weiter zu verbessern.

6.6 Advocacy: Mitarbeiter zu Multiplikatoren machen

Abb. 15: Mitarbeiter und Ehemalige zu engagierten und intrinsisch motivierten Fürsprechern werden lassen

Das ist die Königsdisziplin. Es ist das, wofür alle vorigen Kapitel die Basis legen. Vielleicht könntest du sogar ausschließlich die Hacks in diesem Kapitel *richtig* anwenden, um zum vollkommenen Mitarbeiter-Magneten zu werden und in Zukunft nur noch die besten Leute magisch anzuziehen.

Denn, wie auch im Vertrieb und Marketing, sind Testimonials, Zeugen und Botschafter, die dich und dein Unternehmen aus tiefstem Herzen weiterempfehlen und begeistert davon berichten, deine stärksten Multiplikatoren.

In dieser letzten Phase des Talente-Funnels geht es darum, dir intern sowie extern eine echte *Advocacy* aufzubauen, also deine Mitarbeiter und ehemaligen Mitarbeiter oder Bewerber zu engagierten und intrinsisch motivierten *Fürsprechern, Testimonials, Zeugen, Botschaftern und Multiplikatoren* zu machen. Menschen, die sich voll und ganz mit der Mission und Vision deiner Firma identifizieren. Diese Leute, die für eure Sache, dein Team, eure Marke und euer Unternehmen brennen, werden deine Botschaft voller Überzeugung hinaus in die Welt tragen.

Und so schließt sich der Funnel-Kreislauf: Je mehr Menschen über deine Botschafter von deinem Unternehmen und von dir als Leader erfahren, desto stärker wird die *Awareness* in deiner Zielgruppe sein. Das führt wiederum dazu, dass immer mehr Menschen oben in deinen Talente-Funnel hineingezogen werden und ihn Phase für Phase durchlaufen. Hier erreicht die Magie des Mitarbeiter-Magneten ihre vollkommene Blüte!

Die wirkungsvollste Möglichkeit fürs Anwerben neuer Mitarbeiter und um deinen Funnel permanent mit neuen, guten Kandidaten zu füllen, ist es, auf die Unterstützung deiner bestehenden und ehemaligen Mitarbeiter zu setzen.

Das passiert allerdings nicht einfach so. Hier ist deine gesamte Klaviatur an Skills, Taktiken, Strategien und Führungsqualitäten gefragt, um ihnen gute, intrinsische Anreize zu geben, damit sie die besten Leute für dich anziehen. Dementsprechend umfassen die Hacks in diesem letzten Kapitel fast alle Kategorien, die du in den letzten Kapiteln bereits kennengelernt hast, und heben sie aufs nächste Level.

In diesem Kapitel findest du Hacks der folgenden Kategorien:

- Employer Branding
- Job Posting
- Direktansprache
- Auswahlprozess
- Benefits
- Führung
- Motivation
- Teambuilding
- Trennung
- Personal Branding
- Persönliche Entwicklung
- Networking

6.6 Advocacy: Mitarbeiter zu Multiplikatoren machen

#309 Schärfe die Sinne deines Teams dafür, andere Mitarbeiter anzuwerben

Kommuniziere deinen Mitarbeitern stets transparent, welche offenen Stellen ihr gerade habt, wonach du suchst und warum diese Position bedeutend für den zukünftigen Erfolg der Firma ist. Außerdem bedeuten weitere Mitarbeiter in der Regel auch Entlastungen für das bestehende Team, wodurch die intrinsische Motivation zum Helfen bei der Suche erhöht wird. Erkläre deinen Mitarbeitern, wie wichtig es ist, ein gut funktionierendes Team zu haben, und dass sie es selbst in der Hand haben, auch zukünftig nur mit den besten Leuten zusammenzuarbeiten.

⚡ Employer Branding

#310 Vergrößere das persönliche Netzwerk deiner Mitarbeiter

Um die Reichweite des Netzwerks deiner Mitarbeiter zu erhöhen, kannst du sie bei Konferenzen, Meetups und anderen Veranstaltungen als Speaker vor Fachpublikum oder Gastdozenten an Hochschulen oder Konferenzen, Messen, Stellenbörsen platzieren. Sie werden so zu Gesichtern deiner Firma und zu *Company Ambassadors*. Am Anfang oder Ende ihres Fachvortrags ist der richtige Platz, um kurz auf freie Stellen im Unternehmen hinzuweisen. Verstärke den Effekt, indem deine Mitarbeiter regelmäßig auf firmeneigenen oder externen Fachblogs, Social-Media- oder Video-Kanälen ihr Expertenwissen veröffentlichen und sich so Reputation und Vertrauen in der Szene aufbauen. Um mit Schulabgängern und Hochschulabsolventen in Kontakt zu kommen, kannst du deine Mitarbeiter auch als Bewerbungscoaches einsetzen, die dein Unternehmen in Schulen, Unis und so weiter vorstellen.

⚡ Employer Branding

#311 Motiviere deine Mitarbeiter, als *Company Ambassadors* nach außen zu wirken

Motiviere jede deiner Mitarbeiterinnen dazu, einen Blogeintrag pro Jahr zu einem fachlichen Thema ihrer Wahl, das sie besonders interessiert, zu verfassen. So könnt ihr im Wochenrhythmus Artikel veröffentlichen, wodurch andere Experten vom Fach auf dein Unternehmen, dein Team und eure fachlichen Kompetenzen aufmerksam werden. Neben dem firmeneigenen Blog eignet sich hierfür am besten die Blogger-Plattform *Medium.com*, wo du deinen Unternehmenskanal ohne

IT-Aufwand mit wenigen Klicks einrichten und sofort loslegen kannst. Außerdem können Leser eure Blogbeiträge von hier aus über jegliche Social-Media-Kanäle teilen, womit diese das Potenzial erhalten, sich stark zu verbreiten.

✒ Employer Branding

#312 Glänze auf Arbeitgeber-Bewertungsportalen durch deine Mitarbeiter

Bei den Arbeitgeber-Bewertungsportalen *Kununu* und *Glassdoor* sind es oft unzufriedene Mitarbeiter oder abgelehnte Bewerber, die für schlechte Unternehmensbewertungen sorgen. Die Zufriedenen halten sich oft zurück. Bitte daher nach und nach all deine Mitarbeiter, eine Bewertung für dein Unternehmen zu hinterlassen. Der Hinweis, dass sich dies positiv auf das Anwerben und die Qualität ihrer zukünftigen Kollegen auswirken wird, motiviert sie zusätzlich. Sende deinen Mitarbeitern in zeitlichen Abständen eine persönliche E-Mail mit dem Link zu den Unternehmensprofilen bei Kununu und Glassdoor sowie einer kurzen Erklärung. Vermeide es, eine offizielle Bitte vor der versammelten Belegschaft auszusprechen. Überprüfe einmal, wie deine aktuellen Bewertungen ausfallen und werde aktiv – hier liegt ein unglaubliches Potenzial verborgen.

✒ Employer Branding

#313 Kreiere eine Teamkultur als Marke deiner Firma

Mache aus eurer Teamkultur eine interne sowie externe Marke. Transportiere damit ein Gefühl, ein besonderes soziales Konstrukt und soziale Normen nach innen und nach außen.

Eine Teamkultur ist immer dynamisch und entwickelt sich permanent weiter. Es kann zum Beispiel eine Art eigene Sprache sein, die sich in deinem Team entwickelt. Es geht aber auch darum, für starke Werte zu stehen und für eure Konsistenz zwischen Wort und Tat. Auch eine Kultur konstruktiven Feedbacks gehört dazu. *Work hard, play hard* kann Teil davon sein. Erfolge zu feiern, ist extrem wichtig. Eine Kultur, in der auch die leisen – und nicht nur die lautesten Mitarbeiter – gehört werden. Transparenz und Offenheit in der Kommunikation spielen wichtige Rollen. Und denke daran: Du bist als Inhaber, Leader, Gründer Vorbild mit jeder deiner Taten und jedem deiner Wörter. Jeden Tag.

✒ Employer Branding

6.6 Advocacy: Mitarbeiter zu Multiplikatoren machen

#314 Veröffentliche einen firmeninternen Podcast für deine Mitarbeiter

Im Rahmen eines 360-Grad-Employer-Brandings ist es eine tolle Sache, einen eigenen firmeninternen Podcast für deine Mitarbeiter zu veröffentlichen. Dieser ist sozusagen die neue Art des Mitarbeitermagazins, übertragen auf das beliebte, leicht konsumierbare und emotional sehr wirksame Medium Podcast. Im Firmenpodcast können beispielsweise spannende Berichte von Kollegen aus dem Arbeitsalltag, schöne private Geschichten von Mitarbeitern, ein Überblick über die jüngsten Zahlen, Ansprachen des Managements und viele weitere Informationen gebracht werden. Ein Mix aus Information, Unterhaltung und Inspiration wird zu vielen regelmäßigen Hörern in deiner Belegschaft führen.

✦ Employer Branding

#315 Übertrage positive Bewertungen deiner Mitarbeiter direkt zu Kununu & Co.

Befrage Bewerber und Mitarbeiter zu ihren Erfahrungen mit deinem Unternehmen. Lasse sie einwilligen, dass du diese Bewertungen in ihrem Namen auf Kununu veröffentlichen darfst. Tools wie *Softgarden* übernehmen diese Aufgabe auch automatisch für dich.

✦ Employer Branding

#316 Gib Top-Mitarbeitern einen neuen Arbeitsvertrag mit, wenn sie das Unternehmen verlassen

Wenn ein A-Mitarbeiter das Unternehmen verlässt, schenke ihm zum Abschied symbolisch einen neuen Arbeitsvertrag: »Wir werden uns regelmäßig melden und erkundigen, wie es dir geht. Wir halten hier immer einen Platz für dich frei!« Viele Mitarbeiterinnen sind nach einem Wechsel unzufrieden mit ihrer Entscheidung, was deine Chance ist, sie zurückzuholen!

✦ Employer Branding

#317 Mache einen Abschiedspost auf Social Media, wenn Mitarbeiter gehen

Schenke Mitarbeitern, die gehen, zum Abschied ein gutes Gefühl der Anerkennung durch einen öffentlichen Post mit einem Foto, mit dem du dich öffentlich bei ihnen bedankst. Dieses Gefühl wird die Mitarbeiterin mitnehmen und sie wird eine gute Botschafterin für deine Firma bleiben.

🖊 Employer Branding

#318 Erstelle Employee Advocacy Content für deine Mitarbeiter

Bereite Content für deine Mitarbeiter vor, zum Beispiel in Form von Bildern oder Textideen, den sie für Postings auf ihren eigenen Profilen auf LinkedIn, Instagram, TikTok und Co. nutzen können. Sie können den Content nach ihren Wünschen anpassen oder einfach direkt posten. Das macht Employee Advocacy sehr einfach für deine Leute.

🖊 Employer Branding

#319 Hänge deine offenen Stellen auf den Firmen-Toiletten aus

Hänge über jedem Pissoir die aktuell offenen Stellenausschreibungen inklusive Suchprofil und Anforderungen auf. Ein cooler Trick, um jeden Mitarbeiter bei jedem Toilettengang daran zu erinnern, einmal darüber nachzudenken, wer aus seinem Netzwerk auf diese Stelle passen könnte.

🖊 Job Posting

#320 Biete deinem Team Geld fürs Werben neuer Mitarbeiter – aber klug!

Um deinen Mitarbeitern einen monetären Anreiz zu bieten, gute Leute anzuwerben, solltest du einen Bonus für jeden geworbenen Mitarbeiter anbieten. Dabei ist es wichtig, den Großteil des Bonus vom Bestehen der Probezeit der neuen Mitarbeiterin abhängig zu machen. Das bedeutet nicht nur ein geringeres finanzielles Risiko für deine Firma, sondern sorgt auch für zusätzliche Motivation des werbenden Mitarbeiters, ein Mentor für die neue Kollegin zu werden. Er wird sich dafür einsetzen, dass sie einen guten Start im Unternehmen hat, ins Team integriert wird, gut eingearbeitet wird und die Probezeit mit Leichtigkeit übersteht. Ein Modell kann sein: 500 Euro bekommt der werbende Mitarbeiter bei Unterzeichnung des Arbeitsvertrages der neuen Mitarbeiterin und weitere

1.000 Euro erhält er nach sechs Monaten, wenn die Probezeit erfolgreich bestanden ist.

◆ Direktansprache

#321 Mache Absagen per Sprachnachricht

Anstatt einem Bewerber per E-Mail abzusagen, kannst du den persönlichen Weg einer Sprachnachricht, zum Beispiel per WhatsApp oder als E-Mail-Anhang wählen. Dies vermeidet ein für beide Seiten unangenehmes Telefonat – und kommt beim Bewerber dennoch sehr gut an.

◆ Auswahlprozess

#322 Stelle jeder Mitarbeiterin ein freies Weiterbildungsbudget zur Verfügung

Persönliche Entwicklung und Weiterbildung gehören zu den stärksten Mitteln, um Mitarbeiter lange zu binden. Stelle ihnen deshalb ein jährliches Budget von beispielsweise 3.000 Euro pro Person zur Verfügung, die sie nach eigener Präferenz für Kurse, Konferenzen, Coachings und Bildungsangebote ausgeben können. Dieser Benefit ist nebenbei auch ein Top-Argument im Recruiting.

◆ Benefits

#323 Regelmäßige persönliche und individuelle Aufmerksamkeiten sind die besten Benefits

Eine persönliche Freude zu erleben, zählt für Mitarbeiter viel mehr, als standardisierte Benefits. Sei deinen Mitarbeitern gegenüber aufmerksam. Was könnte sie positiv überraschen? Zum Beispiel eine handgeschriebene Grußkarte zum Geburtstag vom Chef persönlich oder neue Noise-Cancelling-Kopfhörer für Musikgenuss während der Arbeit?

◆ Benefits

#324 Mache Gehaltserhöhungen in Sachleistungen statt Geld

Steuerlich kostet dein Unternehmen eine Gehaltserhöhung von einem Euro netto für den Mitarbeiter 2,40 Euro. Wenn du Steuervorteile für Sachleistungen nutzt, kostet dich diese Gehaltserhöhung nur 1,09 Euro. Unternehmen wie *Spendit* haben sich darauf spezialisiert, Sachleistungen für Mitarbeiter einfach und attraktiv zu ermöglichen.

⚡ Benefits

🎧 *Machen! Podcast 70* mit Florian Gottschaller, Gründer & CEO von Spendit[48]

#325 Lebe Transparenz auf Dienstreisen

Schicke deinen Mitarbeitern regelmäßig Statusupdates, Bilder, nette Erlebnisse von deiner Reise. So fühlen sie sich abgeholt und emotional mit dir verbunden.

⚡ Führung

---

48 https://machen.fm/70

#326 Lebe *Fokus, Fokus, Fokus!*

Fokus ist alles und ohne Fokus ist alles nichts. Sorge für einen ganz klaren strategischen Fokus in deinem Team. Das ist erfahrungsgemäß der allergrößte Erfolgsfaktor in jeglicher Hinsicht. Denk immer daran, was uns das alte japanische Sprichwort lehrt: *Wer zwei Hasen jagt, fängt keinen.*

⚡ Führung

#327 Sei eine positive Autorität

Stelle sicher, dass deine Mitarbeiter dich respektieren und dein Wort bei ihnen Gewicht hat. Das heißt nicht, dass sie dich nicht kritisieren dürfen. Aber du musst sie inspirieren, ihr Nordstern sein, die Leitplanken für sie abstecken und eine klare Richtung vorgeben. Das sorgt für Motivation, Halt und Sicherheit bei deinen Leuten.

⚡ Führung

#328 Betreibe stets ein klares Erwartungsmanagement

Um eine gute Führungskraft zu sein, ist es die wichtigste Eigenschaft, berechenbar für seine Mitarbeiter zu sein und Erwartungen nicht zu enttäuschen. Dazu musst du deine Erwartungen immer wieder klar formulieren und kommunizieren. Das gibt deinem Team Klarheit und Sicherheit. Es ist unerlässlich, zuverlässig zum eigenen Wort zu stehen. Auch hier ist *Integrität* im Sinne von Konsistenz zwischen deinen Worten und deinen Taten das Zauberwort.

⚡ Führung

#329 Sei Dirigent, nicht Direktor

Stelle dir einmal den Dirigenten eines Orchesters vor. Er kommuniziert klar verständliche Anweisungen und gibt die Richtung vor. Er ist in seiner Rolle eine natürliche, positive Autorität. Gleichzeitig kennt er all seine Musiker sehr genau, hat ihnen gegenüber eine starke Empathie, strahlt gegenseitiges Vertrauen und positive Emotionen füreinander aus. Das macht einen wirklich guten Leader aus.

⚡ Führung

#330 Bilde cross-funktionale Teams mit *Ende-zu-Ende-Verantwortung*

Das Vorbild hierfür stammt aus der Software-Entwicklung, kann aber auf jede Art von Teams und Projekten übertragen werden: Agile Teams sollten aus Mitgliedern aller Funktionen bestehen, die nötig sind, um ein Projekt vom Anfang bis zum Ende durchzuführen. Ein Team kann also zum Beispiel aus einem Konzepter, einem Designer, aus Softwareentwicklern sowie Marketeers bestehen. Ein solches Team arbeitet erfolgreich, da es Ergebnisse autonom produzieren und abschließen kann.

⚡ Führung

🎧 *Machen! Podcast 52* mit Steffen Behn, CTO von Kartenmacherei[49]

#331 Mache klare Ansagen mit Raum für Feedback

Kommuniziere deine Anweisungen zum Beispiel mit dem Satz »*Ich möchte Folgendes…, was sind deine Gegenargumente?*«

⚡ Führung

---

49   https://machen.fm/52

#332 Stehe für klare Prozesse und deren unbedingte Einhaltung

Stehe zu Prozessen und sei kompromisslos in der unbedingten Einhaltung der Prozesse, auf die sich dein Team geeinigt hat. Prozesse dürfen um keinen Preis umgangen oder ausgeschaltet werden. Wenn bestimmte Prozesse nicht mehr funktionieren beziehungsweise angepasst werden müssen, dann einige dich mit deinem Team auf einen neuen, optimierten Prozess und sorge auch hier wieder für dessen unbedingte Einhaltung.

⚡ Führung

#333 Kreiere Dominanz durch Nähe

Das klingt zunächst paradox, ist aber evolutorisch sinnvoll: Lasse Nähe zu und erhalte dadurch deine Dominanz. Damit zeigst du: *Ich brauche zu dir keine Distanz und Schutzhaltung einzunehmen – ich bin ohnehin der »Stärkere«.*

⚡ Führung

#334 Sorge für ein persönliches Verhältnis zu deinen Mitarbeitern

Schaffe gemeinsame Erlebnisse zwischen dir und jeder einzelnen deiner Mitarbeiterinnen. Sorge für ein *»Partners in Crime«-Gefühl* zwischen euch. Duze ruhig deine Leute. Erzähle ihnen Dinge aus deinem Privatleben. Lade sie auch mal zum Essen oder Sommerfest privat zu dir nach Hause ein. Schicke ihnen stets einen persönlichen Geburtstagsgruß per WhatsApp.

⚡ Führung

#335 *Lead by example!*

Dein Handeln als Chef ist Vorbild für deine Mitarbeiter. Handle stets ethisch-moralisch korrekt und so, wie du es von deinen Mitarbeiterinnen erwarten würdest. Dazu gehören Dinge wie *»Leaders eat last«* und Unterstützungen für deine Leute in jeglicher Hinsicht. Du hast einen massiven Einfluss auf das gesamte Miteinander in deiner Firma.

⚡ Führung

#336 Erkläre harte Entscheidungen konsistent

Wenn deine Mitarbeiter deine Argumente und Gedanken hinter einer harten Entscheidung nachvollziehen können, werde sie diese eher akzeptieren – selbst wenn sie die Entscheidung an sich nicht gut finden.

◆ Führung

#337 Stehe für Verbindlichkeit und Entscheidungskraft

Sei entschlussfreudig, triff Entscheidungen mit Selbstbewusstsein, kommuniziere sie klar und setze sie verbindlich und tatkräftig um. Das erwarten deine Mitarbeiter von dir – und sie werden sich dich als Vorbild nehmen.

◆ Führung

#338 Löse die *Illusion of Transparency* auf

Oftmals gibt es eine Diskrepanz zwischen unserer Selbstwahrnehmung und Fremdwahrnehmung, die andere von uns haben. Du weißt, wie du deine Worte und dein Verhalten meinst – und erwartest, dass andere diese auch richtig interpretieren. Das ist aber oft nicht der Fall. Daraus kann sich eine Fehlwahrnehmung der eigenen Rolle im Team ergeben, die sogenannte »Illusion of Transparency«. Sei dir dieses Effekts bewusst und löse ihn für dich und für deine Mitarbeiter auf durch gegenseitiges, regelmäßiges Feedback.

◆ Führung

#339 *Value Check is Anytime*: Lebe eure Firmenwerte im Alltag

Um die Werte deines Unternehmens bei allen Mitarbeitern präsent zu machen und nachhaltig zu manifestieren, nutze sie regelmäßig in der alltäglichen Kommunikation als normale Vokabeln – sowohl bei Einzelgesprächen als auch bei Team Meetings.

◆ Führung

6.6 Advocacy: Mitarbeiter zu Multiplikatoren machen

#340 Mach's wie der Google Gründer und sei ein *CRO*

Einer der Google Gründer soll sich auch »CRO« = *Chief Repeating Officer* genannt haben. Eine Daumenregel besagt, dass es drei Wiederholungen bedarf, um Menschen zu überzeugen. Und dass es sechs Wiederholungen bedarf, damit sie sich langfristig daran erinnern.

⚡ Führung

#341 Ermutige deine Mitarbeiter, sich zu beschweren

70 bis 80 % der Mitarbeiter haben ein Thema auf dem Herzen, aber sprechen dies nicht an. Dies fördert Unzufriedenheit und Kündigungen. Ermuntere deine Mitarbeiter in regelmäßigen Abständen, sich über Missstände zu beschweren. Dein Ziel sollte es sein, über die Zeit die Anzahl der Beschwerden zu erhöhen und dabei die Anzahl der Beschwerdegründe zu verringern.

⚡ Motivation

🎧 *Machen! Podcast 67* mit Oliver Ratajczak, Experte für Kundenbeziehungen[50]

---

50 https://machen.fm/67

#342 Ermutige deine Mitarbeiter, Lob auszusprechen

Neben einem Beschwerdemanagement solltest du auch ein Lobmanagement in deiner Firma einführen. Dieses kannst du ganz schlank starten, indem in jedem Mitarbeitergespräch Dinge abgefragt werden, die der Mitarbeiter gut fand. Die Führungskraft hat dann die Aufgabe, dieses Lob an die betreffende Person weiterzugeben.

⚡ Motivation

#343 Hänge Fotos und Beweisstücke von Erfolgserlebnissen des Teams im Office auf

Dadurch werden diese positiven Erlebnisse und Emotionen bei den Mitarbeitern geankert. Das lässt sie sich wohlfühlen am Arbeitsplatz und »Wurzeln schlagen« in deiner Firma.

⚡ Motivation

#344 Lasse deine Mitarbeiter ein tägliches Erfolgsupdate geben

Lasse jeden Mitarbeiter abends vor dem Team die folgenden Fragen beantworten: *Was waren meine 3 größten Erfolge und Learnings heute und warum wird morgen ein guter Tag?* Dies lässt sie sich im Sinne der selektiven Wahrnehmung auf die Erfolge und guten Dinge in der Firma fokussieren. Dadurch entstehen eine gute Stimmung, ein gesundes Selbstbewusstsein und eine lange Bindung deiner Leute.

⚡ Motivation

#345 Sorge für klare Verantwortlichkeiten, Rollen, Ziele und Aufgaben

Übergib jedem Mitarbeiter die Verantwortung für ein bestimmtes Thema oder Projekt. Mitarbeiter müssen ihre klare Mission und den Sinn ihrer Aufgabe kennen, damit eine Identifikation mit dem Unternehmen und ihren Aufgaben entsteht.

⚡ Motivation

#346 Ermutige deine Leute zur Lösungs- statt Problemorientierung

Fordere, zu jedem Problem, mit dem sich deine Leute an dich wenden, auch immer direkt einen Lösungsvorschlag mitzuliefern. Motiviere sie damit zu unternehmerischem Handeln. Ermutige sie, Dinge, die ihnen nicht passen, anzupacken und proaktiv zu verändern.

✦ Motivation

#347 Ermutige deine Leute, Risiken einzugehen

Ermutige deine Leute, nach dem Mindset »*Don't ask for permission, ask for forgiveness*« zu handeln.

✦ Motivation

#348 Hilf deinen Leuten dabei, ihre Grenzen zu überschreiten

Sei ein Trainer für deine Leute: *Die Grenzen eines Sportlers sind die Grenzen im Kopf seines Trainers.* Im positiven sowie negativen Sinne. Fordere deine Leute stets dazu heraus, ihre Grenzen auszutesten und zu überschreiten.

✦ Motivation

#349 Profitiere von Feedback zur Weiterentwicklung eines Mitarbeiters

Stelle gezielt die folgenden beiden Fragen, um herauszufinden, wie du eine Mitarbeiterin in Zukunft weiterentwickeln kannst. Davon profitiert sie sowie auch dein Unternehmen:

Was motiviert dich?

Wo willst du dich hin entwickeln?

✦ Motivation

#350 Profitiere von der Chef-Frage zur Verbesserung deiner Firma

Stelle gezielt die folgenden beiden Fragen, um herauszufinden, wie du dein Team, deine Abteilung oder Firma optimieren kannst:

Was würdest du tun, wenn du für einen Tag Chef hier wärst?

Was müsste sich hier ändern, damit du für immer bleibst?

✦ Motivation

#351 Setze Feedback von Mitarbeitern stets mit Top-Priorität um

Wertvolles und konstruktives Feedback von Mitarbeitern ist das wertvollste, das du bekommen kannst. Setze es stets mit höchster Priorität und Geschwindigkeit um. Nur so konditionierst du dein Team darauf, dir auch zukünftig Feedback zu geben, weil sie merken, das du es hörst, ernst nimmst und umsetzt.

✦ Motivation

#352 Mache deine Meetings produktiv durch die *Elon-Musk-Regeln*

Kommuniziere diese 3 Regeln an deine Mitarbeiter:
1. *Vermeidet alle großen Meetings, es sei denn, ihr seid euch sicher, dass sie für alle Teilnehmer von Nutzen sind. Haltet sie in diesem Fall sehr kurz.*
2. *Verlasst ein Meeting oder beendet einen Anruf, sobald klar ist, dass sie euch keinen Mehrwert verschaffen.*
3. *Vermeidet auch häufige Besprechungen, es sei denn, es handelt sich um eine äußerst dringende Angelegenheit.*

✦ Motivation

#353 Werde von einem *Ja-Aber-* zu einem *Warum-Nicht-Charakter*

Streiche das Wort »*aber*« am besten komplett aus deinem Wortschatz und nutze stattdessen einfach »*und*«. Wenn du dein Team mit einer *Warum-nicht-Attitüde* führst, werden deine Leute es dir gleichtun und mit Optimismus gesunde Risiken eingehen und eigenständig handeln.

🖋 Motivation

#354 Sei dir der Vorteile von Agilität bewusst

Agile Prozesse funktionieren in jeder Art von Projekt oder Team. Es muss nicht unbedingt ein Software-Entwicklungsteam sein. Die Vorteile sind, dass kein Top-Down-Management stattfindet und Verantwortlichkeiten von jedem im Team übernommen werden. Der Chef handelt eher als Enabler, Motivator und Rückenfreihalter, statt als Lenker. Die Kreativität und Kompetenz eines jeden im Team werden dadurch geweckt und genutzt, um insbesondere komplexe Probleme zu lösen, bei denen das Ergebnis am Anfang noch nicht feststeht.

🖋 Motivation

#355 Sei dir der Kosten von Agilität bewusst

Agile Prozesse basieren auf einem nicht zu verachtenden, ausgeprägten Organisationsaufwand. Starke Prozesse und Strukturen, die strikt von allen eingehalten werden müssen, sind die absolute Grundlage für den agilen Erfolg. Agilität darf nicht verwechselt werden mit täglicher Umpriorisierung, Chaos und vollkommener Flexibilität.

🖋 Motivation

#356 Mache das perfekte *Daily Stand-up* mit deinem Team

Trefft euch jeden Morgen zur gleichen Zeit zu einem verpflichtenden *Daily Status Update*, in dem jedes Teammitglied diese vier Fragen kurz und knapp beantwortet:
1. *Welche Arbeitspakete haben sich gestern bewegt?*
2. *Welche Arbeitspakete werden sich voraussichtlich heute bewegen?*
3. *Welche Arbeitspakete sind momentan geblockt, die wir lösen sollten?*
4. *Was sagen wir im Optimalfall heute Abend über den heutigen Tag?*

🖋 Motivation

#357 Setze bei Entscheidungen aufs angelsächsische *Consensus-Decision-Making-Prinzip*

Nicht zu verwechseln mit unserem Verständnis von »Konsens« – *Consensus Decision Making* hilft gegen endlose und frustrierende Diskussionen: Dabei muss nicht jeder im Team mit einer Entscheidung einverstanden sein, damit sie ausgeführt wird. Der Verantwortliche für ein bestimmtes Thema schlägt seine Entscheidung vor und alle anderen zeigen ihren Daumen nach oben, mittig oder nach unten. Nur wenn ein Daumen nach unten zeigt, ist dies ein Stopper für die Entscheidung und es muss noch einmal darüber diskutiert werden. Wichtig: Daumen nach unten darf ausschließlich dann gewählt werden, wenn es ganz massive und begründete Einwände einer Person gibt.

✦ Motivation

#358 Definiere klare Verantwortlichkeiten mithilfe der *RACI-Methode*

RACI kommt zum Einsatz, wenn ein Projekt aus mehreren Aufgaben besteht und von mehreren Personen erledigt wird. Bestimme für jede Aufgabe, welche Person entweder *Responsible* oder *Accountable ist*, und wer *Consulted* oder *Informed* werden soll. Wichtig ist, dass nur eine einzige Person *Accountable*, also »rechenschaftspflichtig«, für eine Aufgabe sein darf, damit Klarheit herrscht und Verantwortung übernommen wird.

✦ Motivation

#359 Stelle jedem Mitarbeiter ein freies tägliches Budget zur Verfügung

Gib allen Mitarbeitern die Freigabe für einen bestimmten täglichen Betrag (zum Beispiel 100 Euro), worüber sie frei verfügen und alles damit tun können, um das Unternehmen spontan weiterzubringen. Beim Kundenkontakt kann dieses Budget beispielsweise dafür verwendet werden, etwas Gutes für die Kundenpflege zu tun, ohne sich vorher eine Erlaubnis vom Chef einholen zu müssen. Dies schenkt Mitarbeitern das Vertrauen und die Verantwortung, stets das zu tun, was nach ihrem Ermessen jetzt fürs Unternehmen wichtig ist.

✦ Motivation

#360 Veranstalte regelmäßige *Lab-Days* in deiner Firma

An einem *Lab-Tag, Hackathon oder Ideentag* darf jeder Mitarbeiter das tun, worauf er Lust hat. Einzige Bedingung: Es muss das Unternehmen oder das Produkt nach vorne bringen. Am Ende des Tages werden die Ideen aller Mitarbeiter und Teams vor dem Management gepitcht und die Top-Ideen und Prototypen prämiert. Bei Google sind zum Beispiel der Google Kalender und Gmail aus den sogenannten Google-Labs entstanden, die dort jede Woche freitags stattfanden.

✱ Motivation

#361 Vereinbare mit allen Mitarbeiterinnen erfolgsorientierte Gehaltsbestandteile

Wichtig bei Erfolgshonoraren ist, dass sie nach oben hin nicht gedeckelt sein sollten. Lasse jede Mitarbeiterin selbst entscheiden: »*Wo im Unternehmen, in welcher Position, kannst du am meisten Wert für die Firma generieren – und damit dann auch das größte Erfolgshonorar für dich erwirtschaften?*« Wenn du beispielsweise Azubis nach ihrer Ausbildung genau auf ihre Wunschposition setzt, wird es eine Win-win-Situation für euch beide.

✱ Motivation

#362 Motiviere deine Leute, indem du *sie* erfolgreich machst

Arbeite als Leader vor allem dafür, deine Mitarbeiter erfolgreich zu machen. Damit haben sie täglich Erfolgserlebnisse, bleiben motiviert und nehmen dich als eine gute Führungspersönlichkeit wahr.

✱ Motivation

#363 Profitiere von einer kurzen Kündigungsfrist

Wer nicht mehr zusammenarbeiten möchte, sollte auch nicht mehr zusammenarbeiten. Aus diesem Grund kann es sinnvoll sein, mit all deinen Mitarbeitern eine Kündigungsfrist von nur einem Monat im Arbeitsvertrag zu vereinbaren.

Eine Kündungsfrist von mehr als den in Deutschland gesetzlichen 4 Wochen kann von Mangeldenken zeugen: Mitarbeiter geben ohnehin nicht mehr ihre beste Leistung ab, wenn sie innerlich die Firma bereits verlassen haben und nur vertraglich gezwungen sind, länger zu bleiben.

⚡ Motivation

#364 Ankere positive Erfahrungen bei jedem Meeting

Starte jedes Meeting damit, dass jede Person zwei bis drei Dinge nennt, die sich seit dem letzten Meeting verbessert haben und worauf sie stolz ist. Die Produktivität während des Meetings sowie das Endresultat werden sich schlagartig verbessern.

⚡ Motivation

#365 Motiviere deine Leute durch ein »Feindbild«

Nutze ein konkretes *Feindbild* anstelle von abstrakten Zielen, um deine Mitarbeiter zu motivieren. Die Wettläufe *Ferrari versus Lamborghini* sowie *Adidas versus Nike* sind prominente Beispiele dafür, wie Teams zu Bestleistungen auflaufen, wenn sie den richtigen Ansporn haben.

⚡ Motivation

#366 Lobe einen Bonus für private Weiterbildung deiner Mitarbeiter aus

Lasse deine Mitarbeiter Bücher, Kurse oder Seminare in eurer HR-Abteilung einreichen, die sie privat konsumiert haben, um sich im Sinne ihrer Position weiterzubilden. Du kannst je eingereichter Weiterbildung einen Bonus von zum Beispiel 20 Euro ausrufen.

⚡ Motivation

#367 Nutze *OKRs* vom Beginn des Aufbaus deines Teams an

Führe *OKRs (Objectives and Key Results)* ganz zum Beginn des Aufbaus deiner Firma oder deines Teams ein – selbst wenn dies mit wenigen Mitarbeiterinnen im

Team erst mal noch nicht nötig erscheint. Sobald dein Team wächst, werden die OKR-Prozesse organisch mitwachsen. Wenn du allerdings erst später versuchst, in einem gewachsenen Team OKRs einzuführen, wird der nötige Aufwand ungleich höher ausfallen.

◆ Motivation

🎧 *Machen! Podcast 89* mit Hanno Renner, Mitgründer & CEO von Personio[51]

#368 Finde interne Influencer, um agile Prozesse einzuführen

Um agile Prozesse in deinem Team einzuführen und eine agile Organisation aufzubauen, bedarf es vieler kleiner Schritte. Eine reine Managemententscheidung reicht hier in der Regel nicht. Suche dir Mitarbeiter im Team, die bereits Erfahrung mit dem Arbeiten in agilen Teams haben und die die anderen beim Einführen der neuen Tools und Prozesse an die Hand nehmen können.

◆ Motivation

---

51   https://machen.fm/89

#369 Lasse dein Team seine Ziele visualisieren, um sie erlebbar zu machen

Das frühzeitige Visualisieren und erlebbar Machen von Zielen sind die mächtigsten Instrumente, um Menschen für das Erreichen dieser Ziele zu motivieren. Wie kannst du eure Unternehmensvision, eure Mission oder eure Quartalsziele für deine Mitarbeiterinnen zum Beispiel im Büro prominent visualisieren? Könnte zum Beispiel jedes Team seine Ziele den anderen Teams in Form eines kurzen Videos präsentieren?

◆ Motivation

#370 Kreiere eine *Ein-Jahres-Vision* mit deinem Team

Erarbeite mit deinem Team ein möglichst detailliertes Bild davon, wie euer gemeinsamer Arbeitsalltag in einem Jahr aussehen soll. Skizziert einen ganzen Arbeitstag: Wie kommt ihr ins Büro? Wie sieht es dort aus? Wer ist dort? Wie kommuniziert ihr miteinander? Wie arbeitet ihr miteinander? Definiert dann rückwärts die Schritte, die ihr gehen müsst, um von der heutigen Situation aus dorthin zu kommen.

◆ Motivation

#371 Mache das *Incentive-Spiel* mit deinen Leuten

Ein etwas kurioses Beispiel aus einer Kreativagentur: Nach einem gewonnenen Pitch verteilt der Chef an jeden Mitarbeiter als Bonus einen 100-Euro-Schein in Cash. Er macht dann die Ansage: *»Wer das Geld am kreativsten ausgibt, dem verdreifache ich es nochmal!«*

◆ Motivation

#372 Lasse deine Mitarbeiter eine Werte-Trophäe vergeben

Einmal im Monat können deine Mitarbeiter andere Teammitglieder für die Wert-Trophäe *des Monats* nominieren. Sie nennen Aktionen oder Taten, in denen die Nominierten im besonderen Maße nach euren Firmenwerten gehandelt haben. Alle stimmen über die eingereichten Vorschläge ab und eine Person erhält den Wanderpokal. Dieser kann übrigens auch ein anderer Gegenstand sein als ein Pokal.

◆ Motivation

#373 Mache regelmäßiges *360-Grad-Team-Feedback*

Veranstalte regelmäßig ein 360-Grad-Feedback-Meeting zwischen all deinen Team-Mitgliedern. Dabei erhält pro Sitzung immer nur eine Person Feedback von allen anderen Teammitgliedern. Nutze hierfür die *Start-Stop-Keep-Technik*. Bereite die Sitzung vor, indem jedes Team-Mitglied vorher einen Start-Stop-Keep-Fragebogen zum Ausfüllen erhält, der die folgenden Fragen beinhaltet:

Womit soll [Name der Mitarbeiterin] starten, dies zukünftig zu tun?

Was soll [Name der Mitarbeiterin] stoppen und dies zukünftig nicht mehr tun?

Was schätzt du an [Name der Mitarbeiterin] und was soll sie unbedingt weiterhin tun?

🖈 Teambuilding

#374 Lasse eine »*Start-up-Oma*« für gutes Essen und eine schöne Atmosphäre sorgen

Gerade in Start-ups setzt sich das Konzept einer »*Start-up-Oma*« immer mehr durch: Eine ältere Dame oder ein älterer Herr, die sich zum Beispiel zur Rente etwas dazuverdienen möchte und die Beschäftigung mit jungen Leuten schätzt, kommt jeden Tag für einige Stunden im Office vorbei und kocht für alle Mitarbeiter etwas Leckeres zum Mittagessen. Außerdem sorgt sie für gute Stimmung und Zusammenhalt im Team. Dies ergibt eine schöne Win-win-Situation für alle beteiligten.

🖈 Teambuilding

#375 Veranstalte eine *OKR Fair* mit allen Teams

In einer quartalsweisen OKR-Ausstellung stellen sich die Teams gegenseitig vor, welche Ziele und OKRs sie sich für das nächste Quartal vornehmen. So werden gegenseitige Transparenz und Teilhabe in deiner Firma gefördert.

🖈 Teambuilding

#376 Ankere am Ende eines Meetings positive Emotionen bei den Teilnehmerinnen

Sorge stets dafür, dass alle Teilnehmerinnen eure Team-Meetings mit positiven Emotionen verlassen. Dies sorgt für mehr Motivation und einen stärkeren Teamzusammenhalt. Bitte dafür am Ende des Meetings jeden Teilnehmer in der Runde, sich kurz bei einer anderen Person seiner Wahl, die sich im Raum befindet, für eine Sache der letzten Tage zu bedanken.

⚡ Teambuilding

#377 *Hire slow, fire fast!*

Dieser Klassiker aus dem angelsächsischen Raum bedarf wohl keiner weiteren Erklärung. Auch wenn dieser Grundsatz zunächst hart klingt: Egal, mit welchem erfahrenen Unternehmer ich spreche – alle sagen, dass sie den Wert dieser Einstellung erst viel zu spät erkannt haben. Am Ende ist mit einer schnellen Trennung, wenn es nicht mehr miteinander funktioniert, sowohl dem betroffenen Mitarbeiter als auch seinen Teamkollegen sowie deinem Unternehmen geholfen.

⚡ Trennung

#378 Bereite ein Kündigungsgespräch gut vor und führe es sorgsam durch

Trennungen von Mitarbeitern sind manchmal notwendig und meist im Sinne aller Beteiligten. Stelle im Kündigungsgespräch sicher, dass der Mitarbeiter sein Gesicht wahrt, dass es rechtlich korrekt abläuft und dass er direkt danach keinen Zugriff auf sensible Daten mehr hat. Bitte den Mitarbeiter, am Abend etwas länger für ein Gespräch zu bleiben, bis die anderen Kollegen gegangen sind. Nimm eine dritte Person als Zeuge mit ins Gespräch. Erkläre direkt im ersten Satz, dass das Arbeitsverhältnis gekündigt wird. Führe danach keine ausschweifenden Gründe an und lasse dich nicht auf lange Diskussionen ein, das birgt tendenziell Risiken für dich. Übergib das unterschriebene Kündigungsschreiben und lasse dir vom Mitarbeiter eine Empfangsbestätigung unterschreiben. Währenddessen sorgt dein IT-Leiter dafür, dass alle Systeme und Zugriffe des Mitarbeiters ausgeschaltet sind, sobald er aus dem Gespräch heraus kommt – dafür musst du vorher sorgen.

⚡ Trennung

#379 Bitte Mitarbeiter, die im Guten gehen, eine Bewertung bei Kununu & Co. zu hinterlassen

Mitarbeiter, die aus persönlichen Gründen gekündigt haben oder deren Vertrag ausläuft (zum Beispiel Praktikanten) sind eine Top-Quelle für gute Arbeitgeber-Bewertungen bei *Kununu* und *Glassdoor*. Mache es zum Standardprozess, Mitarbeiter, die dein Unternehmen im Guten verlassen, um eine Bewertung zu bitten.

🗡 Trennung

#380 Kündige so, dass eure Tür niemals für immer zugeschlagen ist

Wenn sich eine Seite trennt, stelle sicher, dass sich beide Seiten noch in die Augen schauen können. Ehemalige Mitarbeiter formen deinen Employer Brand in eurer Branche. Man sieht sich immer zweimal im Leben – und vielleicht kann es in einigen Jahren noch einmal miteinander klappen.

🗡 Trennung

#381 Mache ausscheidenden Mitarbeitern ein Abschiedsgeschenk

Mitarbeiter, die gehen, sind deine Botschafter da draußen. Zeige ihnen gegenüber bis zum Schluss Respekt – ganz egal, was der Grund für die Trennung ist – und mache jedem ein persönliches Abschiedsgeschenk.

🗡 Trennung

#382 Mache mit jeder ausscheidenden Mitarbeiterin ein Trennungsinterview

Wie war es bei uns? Was ist dir aufgefallen? Was können wir besser machen? In der Trennungssituation sind Leute am ehrlichsten und du bekommst die besten Antworten, mit denen du dein Unternehmen weiter verbessern kannst.

🗡 Trennung

#383 Suche aktiv eine Alternative für Leute, von denen du dich trennst

Wenn du dich von Mitarbeitern trennen musst, dann biete ihnen deine aktive Hilfe an, einen alternativen Job – zum Beispiel über dein Netzwerk – für sie zu finden, der ihren Stärken entspricht.

⚡ Trennung

#384 Investiere in dein Personal Branding und gewinne damit mehr Vertrauen und Unterstützung deiner Mitarbeiterinnen

Die Beratung *Altimeter* hat Forschungsergebnisse veröffentlicht, aus denen hervorgeht, dass Mitarbeiter zu 40 % stärker in die Wettbewerbsfähigkeit ihres Arbeitgebers vertrauen, wenn dieser in das Personal Branding der Führungskräfte investiert. Diese Personal-Branding-Initiativen können zum Beispiel »Meet the Team«-Kampagnen in Social Media, einen monatlichen »Letter from the CEO« in nahbarer und freundlicher Sprache oder ein YouTube-Kanal mit Interviews mit Mitgliedern des Managements umfassen.[52]

⚡ Personal Branding

#385 Erreiche deine persönlichen und beruflichen Ziele durch eine *Mastermind-Gruppe*

Du möchtest dich beruflich und persönlich weiterentwickeln? Dir fehlen jedoch manchmal die Ziele, der Fokus und die richtigen Leute an deiner Seite? Dann mache es wie die meisten erfolgreichen Unternehmer, Führungskräfte und Manager: Werde Mitglied einer *Mastermind-Gruppe*. Eine Mastermind-Gruppe ist eine Mentoring-Gruppe und nachgewiesenermaßen eines der wirksamsten Systeme, um berufliche und persönliche Ziele schnell und nachhaltig zu erreichen. Gründe eine Gruppe aus fünf bis acht erfahrenen Führungskräften oder Unternehmern, mit denen du dich einmal im Monat zu einem festen Termin triffst. Die Teilnahme an den Treffen ist absolute Pflicht. In diesem Termin redet ihr in fester Reihen-

---

[52] https://www.entrepreneur.com/article/343151

folge über eure privaten und beruflichen Erfolge und Herausforderungen der letzten 30 Tage und teilt gegenseitig Feedback und Erfahrungen.

⚡ Persönliche Entwicklung

🎧 *Machen! Podcast 56*[53]

→ Ein Mastermind-Starterkit findest du unter machen.fm/*Mastermind*

#386 **Nutze die** *Feedback-Methode der 5 Personen*

Bitte fünf Personen, die das Stimmungsbild in deinem Team gut einschätzen können, zum persönlichen Einzelgespräch. Stelle ihnen genau 2 Fragen:

»1. Wie werde ich allgemein wahrgenommen?«

»2. Was kann ich anders machen, um erfolgreicher im Unternehmen zu sein?«

Optional gehst du noch eine Ebene tiefer:

---

53   https://machen.fm/56

»Ich weiß dein Feedback sehr zu schätzen. Darf ich jetzt noch eine Stufe tiefer gehen und nach deiner persönlichen Wahrnehmung von mir als dein Kollege/Vorgesetzter fragen?«

Wichtig ist, dass du absolut kein Feedback auf dieses Feedback zurückgibst, auch nicht durch deine Gestik oder Mimik.

◆ Persönliche Entwicklung

#387 Nutze *rotierendes Peer-to-Peer-Feedback*

Verabrede dich einmal pro Monat mit jeweils einer Person aus deinem Team oder dem Leadership-Team für gegenseitiges und ganz ehrliches Feedback zu einer ganz bestimmten Situation, die ihr miteinander erlebt habt. Wie wurdest du in dieser Situation wahrgenommen, was hättest du besser machen können?

◆ Persönliche Entwicklung

#388 Mache quartalsweise Mentoring-Runden mit allen Führungskräften in deiner Firma

Organisiere, dass sich alle Führungskräfte deiner Firma alle drei Monate zusammenfinden und folgende Frage miteinander teilen:

»Was war das größte Learning, das ich im letzten Quartal hatte und das ich euch als Erfahrung mitgeben möchte?«

◆ Persönliche Entwicklung

#389 Finde deine(n) Mentor(en)

Finde für verschiedene Bereiche in deinem beruflichen und persönlichen Leben Experten als deine Mentoren. Profitiere regelmäßig von ihren Erfahrungen. Achte darauf, dass du ihnen auch etwas zurückgeben kannst. Entweder Erfahrungen

6.6 Advocacy: Mitarbeiter zu Multiplikatoren machen

aus Bereichen, in denen du Expertenwissen besitzt, oder eine monetäre Vergütung.

🗲 Persönliche Entwicklung

🎧 *Machen! Podcast 118*[54]

#390 Mache dein *persönliches Daily Stand-up*

Persönliche Morgenroutine: Beantworte dir selbst jeden Morgen zum gleichen Zeitpunkt (zum Beispiel unter der Dusche) die Frage »*Was mache ich heute ein kleines bisschen besser als gestern?*«

🗲 Persönliche Entwicklung

#391 Nutze die *Palm-Down-Geste* bei Vorträgen, um Kompetenz auszustrahlen

Achte bei Vorträgen auf deine Körpersprache: Wenn du bei einer Präsentation ab und zu die *Palm-Down-Geste* einbaust, wirkt dies auf deine Zuschauer beru-

---

54 https://machen.fm/118

higend und kompetent. Du strahlst damit Seriosität sowie Autorität – und damit einen Expertenstatus – aus. Erhebe dafür die Hände mit den Handflächen nach unten auf Bauchhöhe und bewege sie mehrfach langsam für einige Zentimeter nach unten.

◆ Persönliche Entwicklung

#392 Lasse ausschweifende Gesten für einen Moment stehen, um bei Vorträgen Inhalte zu unterstreichen

Mache bei Vorträgen und Präsentationen große Gesten mit deinen Händen, um Inhalte durch deine Körpersprache zu unterstreichen. Achte dabei darauf, dass du die Hände am Ende der Bewegung für einen Moment in der finalen Position stehen und wirken lässt. Vermeide zu viele schnelle Gesten hintereinander, um nicht unruhig zu wirken.

◆ Persönliche Entwicklung

#393 Veröffentliche ein Buch, um deinen Expertenstatus auszubauen

Ein Tipp zum effizienten Schreiben deines Buches, um deinen Expertenstatus zu manifestieren: Höre jeden Tag mitten im Kapitel auf zu schreiben, damit du am nächsten Tag ganz einfach wieder ins Thema kommst und sofort weiter schreiben kannst.

◆ Persönliche Entwicklung

#394 Erstelle einen gemeinsamen Chat für alle Alumnis deiner Firma

Ein gemeinsamer Kanal, zum Beispiel im Chat-Tool *Slack* oder in Form einer WhatsApp-Gruppe, ist eine wunderbare Möglichkeit, womit ehemalige Mitarbeiter deiner Firma untereinander in Kontakt bleiben. Man sieht sich immer zweimal im Leben …

◆ Networking

6.6 Advocacy: Mitarbeiter zu Multiplikatoren machen

Advocacy: Deine 3 Aufgaben zum sofortigen Umsetzen

- ☐ Frage drei Mitarbeiter aus deinem Team, ob ihnen bewusst ist, welche offenen Stellen ihr gerade dringend besetzen wollt. Frage sie auch, was sie benötigen, um allen potenziellen Kandidaten in ihrem Netzwerk von euren offenen Stellen zu erzählen.
- ☐ Nimm dir fünf Minuten Zeit und erstelle eine Liste der Top 5 ehemaligen Mitarbeiter, die als Multiplikatoren in der Szene für dich agieren können. Kontaktiere sie in der nächsten Woche, mache sie auf eure offenen Stellen aufmerksam und frage sie nach potenziellen Kandidaten.
- ☐ Definiere 3 konkrete Maßnahmen, die du in den nächsten vier Wochen umsetzen wirst, um deinen Personal Brand sowie deine Entwicklung als Führungspersönlichkeit weiter zu schärfen und aufs nächste Level zu heben.

Ein Wort zum Schluss

In meiner rheinischen Heimat würde man jetzt sagen: »*Jenoch jeschwaad, dunn leever jet!*«

Also, genug geschwätzt, tun wir lieber etwas. Los geht's!

Ich bin mir sicher, du hast bereits beim Lesen dieses Buches den einen oder anderen Impuls mit in dein Unternehmen oder dein Team genommen und sofort in die Praxis umgesetzt. Das ist super.

Ich lade dich dazu ein, jetzt systematisch zu testen, welche Strategien der Hacks besonders gut für dich und deine Leute funktionieren – und welche nicht so gut zu euch passen.

Meine Empfehlung hierfür ist: Zeichne dir einmal euren Talente-Funnel nach dem Modell dieses Buches auf. Prüfe den Status quo jeder Phase und überlege – gerne auch gemeinsam mit deinen dafür relevanten Kollegen –, welche drei bis fünf Hacks aus diesem Buch ihr je Funnel-Phase ab sofort in die Tat umsetzen werdet.

Lege einen Termin in sechs Wochen fest, um zu überprüfen, welche dieser Maßnahmen erste Erfolge gebracht haben und welche für euch nicht funktionieren. Nehmt euch dann drei bis fünf weitere Hacks je Funnel-Phase vor, die ihr bis zum nächsten Termin in vier bis sechs Wochen umsetzen wollt. So werdet ihr die Conversion Rates zwischen den Phasen eures Talente-Funnels mit überschaubarem Aufwand Stück für Stück erfolgreich erhöhen.

Optimiere auf diese Weise iterativ den Talente-Funnel in deinem Team und in deiner Firma. Du weißt ja: Ein essenziell wichtiger Faktor, um zum echten Mitarbeiter-Magneten zu werden, sind deine persönlichen Skills als Führungskraft, Inspirator und Motivator sowie deine Personal Branding. Arbeite unbedingt auch an dir selbst und lasse dich dafür von den entsprechenden Hacks in diesem Buch inspirieren.

Schnappe dir immer wieder diese Sammlung als eine Art Nachschlagewerk, wenn bestimmte Themen des Talent- oder People-Managements bei dir auftauchen, und hole dir in der passenden Kategorie Ideen und Impulse ab.

Ich lade dich ganz herzlich dazu ein, regelmäßig in meinen *Machen! Podcast* hineinzuhören, wo meine spannenden Interviewpartner und ich jeden Wochentag die neuesten Talente-Hacks verraten. Über www.machen.fm/podcast kannst du ihn direkt im Podcast-Player deines Vertrauens kostenlos abonnieren.

In meinem *Machen! Hacksletter* versende ich einmal pro Woche drei neue, handkuratierte Hacks, die ich von brillanten Unternehmern und Leadern seit dem Schreiben dieses Buches gelernt habe. Abonniere den Hacksletter als Fortsetzung dieser Sammlung einfach unter www.machen.fm/letter.

Wenn du dich für Performance Recruiting interessierst, um schneller, einfacher und günstiger an passende Bewerber heranzukommen, dann schaue gerne einmal bei uns vorbei unter www.talentmagnet.io.

Und wenn du mit deinem Unternehmen enorm sichtbar für potenzielle Mitarbeiter sowie kaufkräftige Kunden durch kluges Content-Marketing werden möchtest, ohne permanent neuen Content produzieren zu müssen, dann schaue einfach mein kostenfreies Kurzvideo-Training zum Performance Content System unter www.contentsystem.io.

Melde dich bitte jederzeit auch gerne für Feedback, Anregungen oder Kritik bei mir persönlich unter michael@machen.fm. Natürlich bin ich gespannt darauf, deine Talente-Hacks zu erfahren und sie im Podcast und Hacksletter mit der Community teilen zu können, wenn du magst.

Lass uns gemeinsam dafür sorgen, dass du ab sofort noch erfolgreicher die richtigen Leute magisch anziehst, sie zu Bestleistungen motivierst und lange an deiner Seite behältst.

Denn du weißt ja: Dein Erfolg hängt direkt von den Leuten ab, mit denen du dich umgibst und mit denen du jeden Tag zusammenarbeitest.

Herzlichst,

Dein Michael

Quellen und Links

Asshauer, Michael: Google For Jobs: So erscheint deine Stelle ganz oben. In: Machen!, 03.02.2020, https://machen.fm/51

Asshauer, Michael: Mastermind Gruppe: Dieses System macht Menschen erfolgreich. In: Machen!, 27.01.2020, https://machen.fm/56

Asshauer, Michael: Mentor finden: Wie du garantiert den richtigen Mentor findest. In: Machen!, 18.02.2020, https://machen.fm/118

Baumgaertel, Philipp: Mitarbeiterauswahl & Erwartungsmanagement: Mein eigener Weg. In: Machen!, 12.01.2020, https://machen.fm/61

Behn, Steffen: Crossfunktionale Teams statt Abteilungen. In: Machen!, 12.08.2019, https://machen.fm/52

Conrad, Daniela: Mitarbeitertypen: 5 Charaktere und wie man sie richtig führt. In: Machen!, 12.12.2019, https://machen.fm/65

DISG. In: Wikipedia, https://de.wikipedia.org/wiki/DISG

Feloni, Richard: Why Google CEO Larry Page personally reviews every candidate the company hires. In Business Insider, 08.04.2015, https://www.businessinsider.com/google-ceo-larry-page-on-hiring-2015-4

Gesundheitschecks. In: Atlassian, https://www.atlassian.com/de/team-playbook/health-monitor

Gewaltfreie Kommunikation. In: Wikipedia, https://de.wikipedia.org/wiki/Gewaltfreie_Kommunikation

Google Entices Job-Searchers with Math Puzzle. In: National Public Radio, 14.09.2004, https://www.npr.org/templates/story/story.php?storyId=3916173

Gottschaller, Florian: Mitarbeiter-Benefits: Die New Work Handlanger. In: Machen!, 06.11.2019, https://machen.fm/70

Jones, Daniel: The 36 Questions That Lead to Love. In: The New York Times, 09.01.2015, https://www.nytimes.com/2015/01/11/style/36-questions-that-lead-to-love.html

Laschet, Helmut: Halb krank, halb arbeitsfähig – in Schweden ist das möglich. In: ÄrzteZeitung, 14.02.2018, https://www.aerztezeitung.de/Politik/Halb-krank-halb-arbeitsfaehig-in-Schweden-ist-das-moeglich-223069.html

Lipman, Victor: The Best Sentence I Ever Read About Managing Talent. In: Forbes Magazine, 25.09.2018, https://www.forbes.com/sites/victorlipman/2018/09/25/the-best-sentence-i-ever-read-about-managing-talent/

Marquardt, Jan: Büro-Einrichtung: 8 Gründe wieso du das Budget verdoppeln solltest. In: Machen!, 28.12.2019, https://machen.fm/68

Moulton Marston, William: Emotions of Normal People. In: The Internet Archive, https://archive.org/details/emotionsofnormal032195mbp/

St. Elmo Lewis, Elias: Catch-Line and Argument. In: The Book-Keeper, Vol. 15, Februar 1903, S. 124.

Tariq, Imran: Why Personal Branding Is a Secret Weapon. In: Entrepreneur Magazine, 30.12.2019, https://www.entrepreneur.com/article/343151

The Hire Team: 7 Proven Job Interview Questions—and What to Look for in the Answers. In: Hire by Google, 13.09.2018, https://hire.google.com/articles/7-proven-job-interview-questions/

Thormann, Marc: Kandidaten überzeugen: 5 Erfolgs-Tipps aus dem Verkauf. In: Machen!, https://machen.fm/recruiting/4690/kandidaten-ueberzeugen-tipps

Urban Dictionary: Definition von »Hack«, https://www.urbandictionary.com/define.php?term=Hack

Ziebell, Miriam: Probezeit: Trennen oder zusammen bleiben? In: Machen!, 14.07.2019, https://machen.fm/54

Podcast

4 außergewöhnliche Tricks für Bewerbungsgespräche, https://machen.fm/26

7 clevere Maßnahmen fürs Onboarding neuer Kollegen, https://machen.fm/84

10 Hacks, wie deine Meetings richtig erfolgreich werden – Teil 2/2 mit Alexander Benedix, https://machen.fm/120

Beherrsche diese 4 Dinge, um eine gute Führungsperson zu sein – Podcast mit Moritz Kreppel, https://machen.fm/125

Influencer nutzen, Influencer werden: Profitiere von der Macht des Einflusses! Podcast mit Alina Ludwig, https://machen.fm/127

INTERVIEW Autohaus Weeber Geschäftsführer Andreas Weeber, https://machen.fm/49

Kandidaten-Goldgrube: Social Media Gruppen, https://machen.fm/8

Klug netzwerken: Intros geben und erhalten, https://machen.fm/7

Mark Williams: Are You Relevant?, *LinkedInformed* Podcast, 01.02.2020, https://linkedinformed.com/episode277/

Meine 3 größten Fehler als Leader – und was ich heute anders machen würde, https://machen.fm/112

Präsentationen meistern und Blackouts besiegen: So einfach gelingt's – Podcast mit Thomas Friebe, https://machen.fm/121

So entsteht die perfekte Vision für dein Unternehmen – Podcast mit Michael Portz, Chief of Anything Podcast, https://machen.fm/95

Sofort besser zusammenarbeiten mit 360 Grad Start-Stop-Keep-Feedback, https://machen.fm/86

Warum du deine Mitarbeiter als Kunden sehen solltest – Podcast mit Oliver Ratajczak, Blickwinkel Kunde, https://machen.fm/67

Wie du dich als Leader positionierst um die besten zu begeistern – #1/2 mit Fredrik Harkort, Bodychange, https://machen.fm/62

Wie man 17.000 Bewerbungen von Top-Talenten bekommt – Podcast mit Hanno Renner, Personio, https://machen.fm/89

Videos
33 Gründe für Sie, 28.03.2014, https://www.youtube.com/watch?v=0L6cDYlBs1U

Weitere Links
16 Personalities Test, https://www.16personalities.com/de
Etventure: Your entrepreneurial partner for digital transformation, https://www.etventure.de
Familonet: Die Ortungs-App für Familien, https://www.familo.net
Google Forms, https://www.google.com/forms/about/
JobPosting, https://schema.org/JobPosting
Machen! Magazin für Entscheider, https://machen.fm
Talentmagnet, https://talentmagnet.io
Talentwunder, https://talentwunder.com
https://machen.fm/144

Zum Autor

Michael Asshauer ist Mitgründer der Technologie-Startups Familonet und onbyrd, die 2017 von Daimler übernommen wurden.

Er war Director of Product und Head of Product Design beim Daimler & BMW Joint-Venture Reach Now.

Er war Gastredner an der Stanford University im Silicon Valley, an der Universität Hamburg sowie an der Fresenius Hochschule.

Michael ist Gründer vom *Machen! Magazin & Podcast*, wo sich jeden Monat Tausende Unternehmer und Führungskräfte weiterbilden.

Michael Asshauer ist Unternehmer und Mitgründer der Start-ups *Familonet* und *onbyrd*, die 2017 von der Daimler-Tochter *moovel* übernommen wurden.

Er war Director of Product und Head of Product Design bei der Daimler- und BMW-Tochter *REACH NOW*, wo sein Team und er digitale Mobilitätsprodukte entwickelten. Er war Gastredner an der Stanford University im Silicon Valley, an der Universität Hamburg sowie an der Fresenius Hochschule.

Der Aufbau perfekt funktionierender Teams mit den besten Leuten ist seine Herzensangelegenheit. Es hat rund 100 hoch qualifizierte Experten verschiedener Disziplinen erfolgreich eingestellt und direkt geführt.

⚡ Kategorien

A
Anforderungsprofil 45, 46, 47, 48, 49
Angebot 102, 103, 104
Auswahlprozess 86, 87, 88, 89, 90, 91, 92, 93, 94, 95, 96, 97, 98, 99, 100, 107, 108, 109, 161

B
Benefits 79, 80, 81, 118, 161, 162

D
Direktansprache 45, 50, 61, 62, 63, 64, 65, 161

E
Employer Branding 38, 44, 45, 50, 51, 52, 53, 54, 55, 56, 57, 58, 157, 158, 159, 160

F
Führung 119, 120, 121, 122, 123, 124, 125, 126, 127, 128, 129, 130, 131, 162, 163, 164, 165, 166, 167

J
Job Posting 45, 49, 50, 66, 67, 68, 69, 70, 71, 72, 82, 83, 160

M
Motivation 131, 132, 133, 134, 135, 136, 137, 138, 139, 140, 141, 142, 143, 144, 167, 168, 169, 170, 171, 172, 173, 174, 175, 176

N
Networking 38, 39, 40, 41, 43, 44, 58, 59, 60, 61, 77, 184

O
Onboarding 109, 111, 112, 113, 114, 115, 116, 117

P
Personal Branding 78, 148, 180
Persönliche Entwicklung 148, 149, 150, 151, 152, 153, 154, 181, 182, 183, 184

S
Social Recruiting 73, 74, 83

T
Teambuilding 144, 145, 146, 147, 148, 177, 178
Trennung 178, 179, 180

NOTIZEN

NOTIZEN

NOTIZEN

NOTIZEN

NOTIZEN

NOTIZEN

NOTIZEN